시골집에
반하다

바다가 보이는 나만의 별장,
구입부터 리모델링까지

정선영 지음

21세기북스

30대 싱글녀의 행복한 시골집 마련 프로젝트

돌담 너머로 수평선이 보이고 마당에 텃밭이 있는 작은 집.

시골생활을 꿈꾸는 사람이라면 상상만 해도 마음이 푸근해질 것이다. 시골에서 자란 나에게 이런 시골집은 어린 시절을 떠올리게 하는 휴식처와 같다.

그곳은 계절이 바뀌면 바람 냄새가 확연히 달라진다. 풋풋한 비와 흙 내음이 묻어오는 여름이 지나면 매콤하지만 고소한 짚 내음이 바람결에 실려온다.

마치 참았던 숨을 '휴우' 하고 내뱉는 것처럼 마음이 풀린다. 어느새 마음은 어린 시절로 돌아가 대청마루에서 뒹굴뒹굴 낮잠을 잘 채비를 한다.

나는 꿈을 현실로 옮기기로 했다. 많은 노력이 필요하지만, 일단 질러보기로 했다. 별로 가진 것 없는 30대인 나는 태어나서 처음으로 제일 비싼 쇼핑을 하기로 마음먹었다. 오피스텔 월세입자인 내가 두 번째 집을 사기로 한 것이다. 좋은 말로 포장하면 세컨드하우스.

이 대책 없는 쇼핑의 근원지는 바로 휴식이다. 한창 미래를 위해 일할 나이에 뭘 했다고 휴식을 하냐고?

삶을 돌이켜보면 30대가 되기까지 계속 준비만 하고 살았다. 10대에는 대학입시, 20대에는 취업. 30대에는 이제 결혼을 준비하고, 그 이후에는 또 노후를 준비하며 살 것이다. 그래서 내 인생에서 한숨 돌릴 공간을 마련하기에 30대만큼 적당한 나이는 없다고 생각했다.

30대. 어느 자리를 가도 "시집 언제 갈 거냐"는 질문이 따라붙는 나이다. 결혼 비용을 모아야 할 혼기 꽉 찬 처자가 서울에서 직행버스로 다섯 시간 걸리는 남해의 작은 마을에 촌집을 사들이다니.

나는 보통의 30대 초반 미혼 직장 여성이다. 나를 포함해 또래 친구들을 보면 대부분의 관심사는 쇼핑, 결혼, 여행, 재테크 등이다.

평소 나는 아껴야 잘산다는 생각보다 함께 사는 가족이 없다는 핑계로 이것저것 사들이거나 친구들과 여행을 가기 일쑤였다. 그래서 일까. 경제, 금융만 6년째 담당하고 있는 외환기자지만 투자에는 문외한이나 다름없었다.

'차를 사는 셈 치지 뭐. 그냥 바닷가 마을에 집이 하나 생긴 거야'라고 생각하고 시작한 일이 정신을 차리고 보니 이렇게 커져 있었다. 어쩌면 이 쇼핑은 올해 내가 저지른 최대의 사건사고가 아닐까.

어차피 세상일은 때가 있다. 처음에는 숨 막히게 돌아가는 사회생활에서 숨 쉴 틈이 필요했다. 주말에라도 막연히 한걸음에 달려가 조용히 머물다 올 수 있는 시골집을 사야겠다고 막연히 상상하기 시작했다. 때가 되려니까 할머니가 치매기가 있어 편히 살 집이 필요해지고, 영화 〈건축학개론〉이 개봉을 했다. 순서대로 착착착. 상상을 현실로 만드는 작업이 진행된 것이다.

영화 〈건축학개론〉은 망설이던 내 마음에 확신을 심어줬다. 넓은 통창을 드르륵 밀어 열면 제주도 바닷가가 병풍처럼 펼쳐지는 그 집. 따뜻한 햇살이 비치는 아름다운 거실과 잔디가 깔린 옥상이 있는 그 집. 도회지를 벗어난 그 시골집의 매력에 흠뻑 빠져버렸다. 나는 어느새 영화 속 첫사랑 이야기보다 그 집에 넋을 놓고 있었다. 그렇게 나는 3년 할부로 시골집을 덥석 질러버렸다.

이 책은 30대 미혼 처자가 덜컥 시골집을 지르는 과정을 담은 것이다. 원래 알고 있던 부동산 지식도 얕아서 읽다 보면 '기자 맞나' 하는 의문이 들 정도로 무식하기 짝이 없다.

그러나 경제기자들이 하는 말이 있다. 주식이든 선물이든 경제를 가장 확실하게 배우는 일은 바로 '투자'라고. 자기 돈이 들어가면 손 떨려서 공부를 하지 않을 수가 없다. 몇 번 돈을 잃어봐야 해당 분야 지식이 중간 이상은 간다고들 한다.

나 역시 부동산을 공부하게 될 줄은 꿈에도 몰랐다. 내 돈을 투자해 시골집을 사기로 결심하자 마음가짐은 진지해졌다. 은행 대출금에 허덕이는 하우스푸어로 전락하게 될까 봐 시간이 남을 때마다 부동산에 집중했다. 주말마다 남해를 오가고 고속버스에서 등기부등본을 들여다본 덕분에 한 달 반 만에 바닷가에 시골집이 생겼다.

시골집은 알고 보면 부동산 시장에 숨겨진 틈새시장이라 할 수 있다. 요즘 부동산 뉴스는 처참하다. 집값 폭락, 반값 아파트, 심지어 한 채를 사면 한 채를 얹어주는 1+1 마케팅도 나오고 있다.

그런데 요즘처럼 부동산이 매력을 잃은 시기에 시골집 부동산 시장은 꿈틀대고 있다. 오래됐지만 가격이 싼 시골집은 수요에 비해 점점 공급이 달리는 추세다.

이유가 뭘까. 시골집은 아직 리모델링이 제대로 돼 있지 않아 가격이 상대적으로 저렴하기 때문이다. 입맛에 맞게 고쳐 쓸 수 있는데다 관광 개발 이슈가 있는 곳이라면 투자처로도 나쁘지 않다.

무엇보다 전원생활을 꿈꾸는 중년들에게 시골집은 상당히 매력적인 카드다. 이미 토목공사가 돼 있는 전원주택지는 가격이 오를 대로 올랐다. 그러나 발품을 잘 팔면 양지바른 알짜배기 땅에 들어앉은 시골집을 찾을 수 있기 때문에 큰 비용을 들이지 않고도 충분히 전원생활을 시작할 수 있다.

금융 위기, 유럽 채무 위기가 지나면서 은퇴 자산을 안정적으로 굴릴 만한 투자처는 좁아지기만 했기 때문에 서울과 서울 근교의 아파트 가격은 뚝뚝 떨어졌다. 부동산의 시대는 갔다고 집주인들은 한숨을 내쉬었다.

은행 예금은 저금리 기조로 4퍼센트에도 못 미치고 증시 침체로 주식형 펀드 수익률도 크게 빛을 발하지 못하고 있다. 그러나 투자와 노후 자산을 함께 고려하고 있다면 시골집은 하나의 투자 대안이 될 수 있다.

기자 생활을 하면서 항상 듣는 말이 있다.

"1958년생 개띠들은 베이비붐을 일으킨 첫 세대였다. 이들이 대학을 졸업하면서 취업난이 본격화됐고 이들이 집을 사면서 부동산 폭등이 일어났다. 다음 차례는 이들이 은퇴하는 시기. 이제는 노후 자산 붐이다."

실제로 58년생 개띠를 비롯한 또래 연령대의 취재원들은 하나같이 이렇게 말한다. 노후가 걱정된다고. 100살까지 평균 수명이 연장되는 시기에 오히려 진짜 100살까지 살까 봐 걱정하게 되는 때가 온 것이다.

60세에 은퇴하고 나서 남은 30여 년을 뭘 먹고 사느냐는 상당히 중요한 고민거리가 됐다. 그때도 도시에 똘똘 뭉쳐 살겠다는 사람은 많지 않다. 그런 의미에서 시골집은 큰 비용을 들이지 않고도 효율적인 전원생활을 누릴 수 있는 대안이 될 수 있다. 초기 투자금이 적고 리모델링만 제대로 하면 가격을 올려주니 잠재력이 있는 부동산 시장인 셈이다.

실제로 아주 허름한 남해의 시골집은 2000만 원도 채 안 되는 데다 함석이나 기와지붕으로 돼 있는 집들은 4000~8000만 원 정도에 살 수 있다. 땅값만 보더라도 평당 3만 원이 채 안 되는 곳도 많다. 발품 팔기에 따라 경치 좋은 시골에 마당 딸린 집은 리모델링 비용이나 조립식주택 건축 비용을 합쳐도 1억 원 남짓이면 소유할 수 있다.

요즘은 전입 세대에 대해 지붕 개량이나 주택 개조 비용 등을 지방자치단체에서 지원해준다. 물론 폭등을 기대해서는 안 된다. 시골집은 로또가 아니니까 말이다. 부동산 투기의 거품이 가라앉고 서울의 내로라하는 부동산들도 나자빠지는 상황에서 시골집 투자로 거금을 쥐어보겠다는 생각을 하는 것은 위험하다.

　이 책을 읽고 덥석 나처럼 충동구매로 시골집을 사는 것도 지양할 일이다. 모든 투자 상품에 써 있는 것처럼 '투자는 100퍼센트 고객의 판단', 즉, 본인 마음대로 하는 것이지만 수익과 손실도 자신이 떠안아야 하는 만큼 신중해야 한다.

　다만, 실제로 가끔 시골에 내려가 전원주택에서 지내고 싶거나 특별히 손해를 보지 않고 안정적인 흐름을 가진 부동산 시장을 찾는다면 시골집 구입을 고려해볼 만하다.

　나는 아직 은퇴 세대는 아니지만 시골집을 구입한 것이 만족스럽다. 당초 목표는 할머니 집이었지만 사실 텃밭을 꾸미고 페인트칠을 해가며 집의 가치를 높여가는 것만으로도 즐겁기 때문이다.

　직장생활에 치여 있는 내게 시골집 투자는 정신적인 안정을 줬다. 전 재산을 올인하다 못해 대출까지 받아 생활이 궁핍해질 줄 알았는데 오히려 생활은 더욱 탄탄해졌다.

　가장 큰 효과는 어설픈 골드미스 흉내를 그만둔 것이다. 더 나이들기 전에 쇼핑 본능을 자제하고 부동산 보유를 위해 착실하게 살기 시작한 것은 시골집 투자의 또 다른 매력 포인트다.

이 글을 읽는 독자에게 30대란 어떤 나이일지 모르겠다. 20대 초중반을 아르바이트로 고생하며 보낸 후 직장생활을 시작한 내게 30대는 복숭아 아이스티 맛이 나는 듯한 나이다.

20대 때 나는 사무 보조 아르바이트를 하며 복숭아 아이스티를 탔다. 매일 한숨을 푹푹 내쉬며 얼른 30대가 되기를 간절히 바랐다. 30대가 되면 뭔가 작은 거라도 이루어놓을 줄 알았기 때문이다.

그런데 30대가 되었는데도 나는 딱히 이룬 게 없었다. 기자가 된 덕분에 매일 다른 글을 쓸 수 있어 재미있다고 생각하며 보내고 있는 정도였다. 시골집을 지른 것은 어찌 보면 충동구매에 가까웠지만 30대에 뭔가 이루고 싶었던 내게 의미 있는 사건이 될 듯하다.

남해에 시골집을 산 이후로 나는 요즘 '바닷가에 집 있는 여자'라는 우스꽝스러운 칭찬을 듣고 있다. 그럴 때마다 나는 고개를 저으며 말한다. "빚 있는 여자예요."

나는 이 책에 가급적 투자 대안으로서의 시골집의 매력 포인트와 주의할 점, 각종 필요한 정보 등을 담으려고 노력했다. 그래서 시골집 구입 과정에서 알게 된 것들을 차례차례 정리했다.

나처럼 부동산 투자에 대한 지식이 완전 '제로' 상태인 사람이라면 이 책이 시골집 구입에 도움이 될 것이라고 생각한다. 그리고 혹시라도 남해에 시골집을 사고 싶거나 적은 비용으로 나이 든 부모님에게 시골집을 선물하고 싶은 사람에게도 도움이 된다면 무척 기쁠 것 같다.

만약 이대로 늙고 싶지 않은데 마땅히 사고를 칠 수도 없어 방황하는 30대 싱글들이 있다면 한번쯤 새로운 투자에 도전해 봤으면 좋겠다. 막상 저질러 보니 걱정했던 것보다 큰일이 나지는 않았다. 그러니 좀 더 용기를 내도 괜찮을 것 같다. 마지막으로, 이 책을 읽고 남해에 놀러 가는 사람이 조금이나마 더 많아졌으면 좋겠다.

시골집을 사고 나서 책을 써야겠다고 마음먹었을 때 내 글을 읽어봐주고 책으로 만들어준 21세기북스에 감사를 표한다. 그리고 이사 때문에 마음고생을 많이 했을 우리 이유례 할머니와 5000만 원짜리 시골집을 덜컥 질러버린 여자 친구를 한결같이 응원해준 김민수 씨에게 감사의 인사를 전한다.

차 례

1장

시골집, 난 네게 반했어!

문득 시골이 떠올랐다.
철마다 옥수수와 토마토가 익고,
텃밭에 토란이 자라는 곳.
멀리 수평선이 보이고
감나무 잎이 바람에
반짝거리는 곳.

문득 시골집이 내게로 왔다

나는 도심 한복판의 오피스텔에 사는 30대 여자다. 매일 아침 젖은 머리를 채 말리지도 못하고 출근해서 밤늦게 집에 돌아와 씻고는 침대에 털썩 쓰러진다. 한밤에도 자동차 소리, 쿵쾅대는 음악소리가 뒤섞여 들리지만 아랑곳하지 않고 깊게 잠든다.

황금 같은 주말 오후에 모처럼 집에서 쉬려고 해도 도시의 소음은 쏟아져 들어온다. 소나기처럼 쏟아지는 자동차 소리는 이제 배경음악이 되었다. 쇼핑몰에서는 아이돌 그룹의 신곡이 연이어 들려온다. 나를 위해 굳이 음악을 틀 필요가 없다. 더 신기한 것은 나는 이런 소리를 제대로 의식하지 못한다는 것이다.

경제기자 6년차. 30대 싱글녀의 삶은 나름 풍족하다. 나는 아직도 일을 재미있어 하고, 꼬박꼬박 들어오는 월급에 중독돼서 살고 있다. 딸린 가족이 없으니 여행도, 쇼핑도 자유롭다. 그렇게 나는 친구들과 30대 싱글녀의 삶을 누리자며 3박 4일 홍콩 여행을 가기도 하고, 샴푸 하나도 이왕이면 좋은 것을 산다. 난 소중하니까.

그러던 어느 날, 내 삶에 중요한 변화가 생겼다.

"도시 한복판에 사는 건 일하다가 잠시 대기실에 와서 쉬는 것과 같아."

친구가 이런 말을 했을 때 나는 고개를 끄덕이고 있었다. 다음 날 출근을 잘 하기 위한 대기실과 같은 집. 내가 지금 살고 있는 집에 이사 온 지도 벌써 3년째에 접어들었다. 지하철역 2분 거리라 출근하기 딱 좋다며 고른 집이었다. 그러고 보니 나는 이 집에서 대부분의 시간을 밤에, 그것도 잠으로 보낸다.

30대. 이대로 늙어도 괜찮은 걸까. 매일매일 종종걸음으로 도시 한복판을 오가며 돈을 벌기 위해 일을 하고, 나름 미래를 준비하면서 그렇게 살면 내 인생이 나중에 행복해질까.

나는 '88만 원 세대'로 20대를 보냈다. 무한한 가능성을 품은 아까운 청춘이 아르바이트와 함께 지나갔다. 사무 보조, 과외에 인턴기자까지 열심히 뛰어다녔다(그래서 일하면서 전공서적 본다고 욕도 많이 먹었다). 등록금 버느라 쩔쩔매다 보니 대학 도서관에서 보낸 시간보다 대학생활을 유지하기 위해 아르바이트로 보낸 시간이 더 많은 듯하다.

정신없이 바쁜 20대를 보내고 맞이한 30대. 나는 여전히 일을 하면서 시간을 보내고 있다. 달라진 것은 수입이 늘었다는 것. 그래서 소소하게 돈을 쓰는 재미도 있었다. 이렇게 살다가 언젠가 늙겠지. 갑자기 정신이 번뜩 들면서 시간이 아깝다는 생각이 들었다. 그래서 과감하게 삶의 방식을 바꾸기로 했다. 내가 일하는 목적도 새롭게 세우고.

저축을 위해 펀드나 예금에 가입할까. 일단 돈을 모으면 무슨 일이든 벌어지지 않겠는가. 그렇지만 뭔가 동기부여가 부족하다. 자동차를 사는 건 어떨까. 한 기자 선배가 차를 사는 건 인생이 바뀌는 일이라고 했다. 시야가 확 넓어진다고. 하지만 차 유지비가 많이 들 것이다.

고심 끝에 나는 삶의 속도를 늦추기로 했다. 20대를 보내듯 아등바등 30대를 보내지 않기로 했다. 미래의 행복을 위해 지금 참아야 한다는 생각을 조금 접어두기로 했다.

문득 시골이 떠올랐다. 철마다 옥수수와 토마토가 익고, 텃밭에 토란이 자라는 곳. 멀리 수평선이 보이고 감나무 잎이 바람에 반짝거리는 곳. 주말에는 아이처럼 마루에 누워 삶은 고구마와 옥수수를 먹으면서 책을 볼 수 있는 곳.

그래, 바로 그런 주말을 만드는 거야. 평일에 열심히 일하고 주말에는 고향에서 편히 쉬는 거야.

드디어 나는 내 30대의 모습을 확실히 그릴 수 있었다. 또래들이 자동차를 사고, 명품 가방을 산다면 나는 이제 시골집을 살 거야. '내 고향 남해 바닷가 마을에 정말 그림 같은 집을 지을 거야. 그 집은 내 휴식처가 되는 것은 물론 투자처도 되겠지!' 이런 상상만으로도 나는 그만 입이 귀에 걸렸다.

조금 무모한 도전이지만 왠지 꿈꾸면 이뤄질 것만 같았다. 생각하면 실천에 돌입하는 단순한 나의 성격은 이럴 때 도움이 된다. 어쨌든 작심하면 사흘 내에 계획을 짜는 것이 좋다. 잊어버리면 안 되니까 공책에 써둬야지. 시골집을 사기로 한 내 생각을 공책에 쓰고 나니 왠지 좀 그럴듯했다.

그런데 일주일이 지나도 마땅히 방법이 떠오르지 않았다. 나는 여전히 아침부터 밤까지 일에 갇혀 있고, 아침에는 머리를 채 못 말리고 택시를 타는 생활을 반복하고 있었다. 잠자기 전이면 한숨을 쉬었다. 부동산이라면 오피스텔 계약을 해본 것이 전부인 내가 어떻게 집을 살 수 있을까. 30대가 돼도 살아온 방식을 바꾸는 건 쉬운 일이 아니라는 생각이 자꾸 들었다.

고민 끝에 나는 주말에 남해행 버스를 탔다. 우등버스로 네 시간 반. 차비는 2만 2000원. 이 정도면 괜찮은데 막상 큰일을 벌이려니 겁이 났다. 하지만 남해에 도착해서 직접 둘러보니 점점 마음이 기울었다. 어느새 시골집에서 살고 있는 내 모습을 자연스레 상상하며 실실 웃고 있는 나를 발견했다. 이렇게 아름다운 곳이라면 내 인생에 활력을 가져다줄 것이 분명했다. 그래, 저질러버리자!

〈건축학개론〉을 괜히 봤나

어느 날, 영화 〈건축학개론〉을 봤다. 여주인공은 건축을 전공한 첫사랑을 찾아와 집을 지어 달라고 부탁한다. 고향집 리모델링이다.

현무암 바위가 펼쳐진 제주도 바닷가가 눈앞에 펼쳐지는 넓은 전원주택. 옥상에 잔디가 깔려 있어 맨발로 걸을 수 있고, 그러면 바닷바람이 품에 안겨 든다.

무엇보다 매력적인 건 접이식 유리창문이다. 바다를 향한 통창을 드르륵 접으면 노을 진 수평선이 거실로 쑤욱 들어설 것 같은 구조다. 마당에는 잔디가 깔리고 어릴 적에 놀던 수돗가는 금붕어가 사는 연못이 됐다.

이처럼 아름다운 그 집은 여주인공이 병든 아버지를 위해 지은 집이었다. 추억이 가득 차 있는 집인 셈이다. 어쩌면 이 영화, 여러 사람 가슴에 전원주택의 꿈을 불질렀을 듯하다.

나는 그 집을 보며 로맨틱하다고 감탄하다가 이내 우울해졌다. 쳇. 저 여주인공은 위자료가 있잖아. 그러나 다른 장면이 마음을 뒤

흔들어 놨다. 남자 주인공이 엄마가 입은 빛바랜 티셔츠를 보는 장면에서 나는 눈물을 쏟고 말았다. 빛바랜 티셔츠는 남자 주인공이 대학 때 싸구려 짝퉁이라며 버린 티셔츠였다.

문득 할머니가 입고 있던 파자마 바지가 떠올랐다. 내가 고등학교 때 입던 파자마 바지를 아직도 입고 계셨다. 아무리 옷을 사드려도 항상 구멍 난 헌 옷을 입고 계셨다. 그런 건 좀 버리라며 타박을 해도 소용이 없다.

"나 있잖아. 이제 갈등 안 하기로 했어요. 집 사기로 결정."

영화를 보고 나온 후 남자친구인 레전드 님에게 말했다. 꼭 그 영화 속에 나오는 그림 같은 전원주택이 아니어도 좋다. 저렴한 건축학개론도 괜찮으니까 한번 도전해 보기로 했다.

내게는 건축을 전공한 첫사랑도 없고, 여주인공처럼 주머니가 두둑하지도 않고, 제주도 바닷가를 바라보고 있는 시골집도 없다. 그렇지만 지금 나는 빚이 없으니까 가능할지도 모른다는 생각이 들었다. 꼭 할머니를 위해서라기보다 나한테도 시골집이 있으면 좋지 않을까.

남해에서 자란 내게도 시골집에 대한 기억이 꽤 많이 남아 있다. 〈건축학개론〉에 나오는 바다가 펼쳐진 집 못지않다.

어릴 적 우리 집은 한옥이었다. 태풍 치는 날, 밤에 이불 속에 누우면 마치 소라고둥을 귀에 댄 것처럼 멀리서 파도 소리가 들리곤 했다. 〈섬집 아기〉 노랫말처럼 쏴아 하는 파도 소리가 반복적으로 들리며 자장가가 되는 곳이었다. 태풍이 온 다음 날 아침이면 흙마당이 물에 흠뻑 젖어 있고, 풀들이 하룻밤 새 쑥쑥 자라 있어 풀 사이를 뚱뚱한 두꺼비가 느릿느릿 지나가곤 했다.

봄에는 돌담에 담쟁이넝쿨이 핀다. 막 피어난 담쟁이넝쿨이 돌담에 옹기종기 붙어 있는 모양은 참 귀엽다. 비가 오면 더 싱그럽고 보기도 좋다. 돌담은 담쟁이넝쿨 때문에 해마다 튼튼해진다. 어쩌다 눈길을 주면 돌담에 허물을 벗은 매미의 껍질이 붙어 있기도 했다. 지금 생각하면 징그럽지만 그때 나는 그걸 상자에 담아 보관했다.

5월은 감꽃이 피는 계절이다. 시원한 바람이 마당에 가득하다. 새로 난 감나무 잎이 울창해진다. 이런 계절은 참 기분이 좋다. 햇빛이 너무 좋아서 하늘색과 바다색이 한데 섞인다. 할머니가 텃밭에 심어 놓은 딸기를 따와서 마루에 앉아 먹는 재미도 쏠쏠했다.

감이 익는 가을에는 마당에 사람들이 많이 모인다. 큰 감나무에 열린 감을 따기 위해서다. 사다리를 놓거나 대나무 끝을 쪼개 벌려서 감을 딸 준비를 한다. 그리고 어른 아이 할 것 없이 다같이 힘을 모아 감을 딴다. 한 번 따면 여러 상자가 나오는데 친척들과 마을 분들과 함께 나눠 먹는다. 나는 감 따는 걸 좋아했지만 홍시는 싫어했다. 할머니는 감을 깎아서 주렁주렁 매달아 말려서 곶감을 만들었다. 홍시는 얼려뒀다가 겨울에 간식을 달라고 조르면 꺼내줬다. 나는 "홍시 싫다"고 하면서도 야금야금 먹었다.

겨울은 뭔가 건조하고 휑하다. 겨울밤에 잠옷 바람으로 마루 끝에 앉으면 마당 한가운데 앙상하게 뻗은 감나무 가지 너머로 수평선이 보인다. 별빛이 비친 건지, 고깃배 불빛이 모여든 것인지 수평선이 반짝거린다. 할머니가 말려 둔 곶감이 그물망에 걸려 있다. 나는 추운 겨울바람에 얼었다 녹았다를 반복한 반건시 곶감을 꺼내 먹는다. 자세 때문에 발가락이 시려온다. 그럼 나는 발가락을 꼼지락꼼지락. 그렇게 겨울밤은 깊어갔다.

할머니는 꽃을 좋아해서 어디선가 자주 꽃나무를 구해오곤 했다. 마당에 잔디도 심었는데 주말이면 내가 가위로 잔디를 잘라줬다. 그냥 둬도 괜찮지만 자를 때 나는 풀 냄새가 좋아서 자주 잘랐다. 잔디로 하트 모양을 만든 적도 있다. 할머니는 내게 신기한 재주가 있다며 "아무래도 천재인 것 같다"고 말도 안 되는 칭찬을 퍼부었다.

대청마루도 좋았다. 나는 종종 마루에 코를 대고 냄새 맡는 것을 좋아했다. 종종 양초로 문질러 광을 내는데 그러고 나면 반질반질해진다. 할머니는 매일 대청마루를 닦았다. 나는 거기서 숙제도 하고 뒹굴뒹굴 낮잠을 자기도 했다.

해마다 날씨가 풀리면 방문에 창호지를 새로 발랐다. 빳빳한 한지를 사다가 곱게 잘라서 풀을 바른 후 문살에 놓고 손으로 살살 쓸었다. 특히 손잡이 부근에 국화 잎을 몇 개 놓고 붙여서 멋지게 장식을 했는데 햇빛이 문살 틈으로 들어오면 국화 잎 모양이 아련했다. 지금도 햇빛이 화창한 날이면 대청마루에서 문에 창호지를 바르는 할머니의 모습이 떠오를 때가 있다.

뒤뜰에는 개울이 있었다. 바로 근처에 빨래터와 샘터가 있었기 때문에 집 안에 개울이 흘렀다. 물맛이 좋은데다 가재까지 살았기에 내겐 썩 괜찮은 놀이터였다. 나는 여름에 이곳에서 가재를 잡거나 자두, 수박을 띄워놓고 놀았다. 비 온 다음 날이면 돌 틈으로 물이 펑펑 솟아나 발바닥을 두드렸다.

여름이 막 시작될 때, 개울물에 발을 담가도 발이 시리지 않고 따뜻하게 느껴질 때가 있었다. 그 미묘한 물의 온도를 나는 지금도 너무나 좋아한다.

마지막으로 꼽을 만한 추억은 아궁이다. 내가 아주 어릴 때까지만 해도 가스레인지가 없었다. 할머니가 아궁이에 장작을 넣어서 가마솥에 물을 끓이고 밥을 지었다.

해가 지면서 어슴푸레한 저녁 빛이 깔린다. 공기의 색깔이 약간 연보라색으로 변한다. 그리고 가마솥에 밥 짓는 연기 내음이 솔솔 퍼진다. 어른이 된 지금도 그 냄새는 잊을 수가 없다. 묘하게 가슴이 찡하다.

이런 이야기를 하면 사람들은 "너는 정말 촌년이구나" 하고 놀린다. 어쨌든 내 머릿속에는 시골에서 자란 기억이 고스란히 자리를 잡고 있다.

그래서 그 집을 허물고 새로 양옥을 짓기로 했을 때, 나는 못내 서운해서 일회용 카메라를 샀다. 집 안 구석구석 내가 좋아하는 곳을 찍었다. 그런데 하필 계절이 겨울이어서 이 아름다운 풍경들을 다 담지 못하고 마음속에 묻었다. 특히 나의 어린 시절을 지켜봐준 큰 감나무가 베였을 때는 마음이 쓰렸다.

대학에 입학하면서 남해를 떠났으니 벌써 10년이 훌쩍 넘었다. 영화 〈건축학개론〉은 오래전 잊고 있던 그 장소를 떠올리게 했다. 나는 어느새 10년 전 옛날 집 마당에 서 있었다. 작은 풀잎 하나까지도 또렷하게 기억이 나는, 평생 절대 잊을 수 없는 그 집이 떠올랐다.

할머니, 정말 치매야?

한 통의 전화가 걸려왔다. 할머니가 살고 있는 남해의 주인집 언니
였다.

"할머니를 서울로 모셔 가는 게 어때요? 요즘 치매 초기인지 자꾸
깜박깜박하셔서 불날까 봐 불안하기도 하고. 한번 내려와서 이야기
를 좀 해요."

할머니가 치매 초기라고? 매일 통화할 때에도 별로 못 느꼈는
데……. 알 수 없는 불안감에 등에서 식은땀이 솟았다. 나는 부랴부
랴 그 주말에 남해로 향했다.

주인집 언니는 할머니를 서울로 모셔 가는 게 좋겠다고 했다. 식
접 모시기 어렵다면 양로원에 모시는 것도 좋을 거라고. 아니면 지금
사는 집에 화재보험을 가입하는 것도 좋을 것 같다고 했다. 혼자 계
시는데 화재보험을 든다는 게 썩 내키지 않았다. 결국 나는 할머니
를 서울로 모셔 오기로 마음먹었다.

"할머니, 서울 가서 나랑 같이 살자."

할머니는 처음에는 그러자고 했다. 그러나 이내 마음을 접었다.

"서울에 가봤자 금방 지겨워져서 양로원 가라고 할걸. 방구석에 갇혀 죽으란 말이가. 내 여기서 혼자 살다 죽을란다."

꼬장꼬장한 성격대로 할머니는 홱 돌아앉는다.

"치매일 수도 있으니까. 그럼 병원에 가보자."

"내가 치매라고? 그런 일 없다."

양로원에 보내기만 해보라며 가출할 거라고 엄포를 놓는 할머니다. 이 정도 성격이면 아직은 정정하다. 그래도 치매를 생각하면 걱정이 됐다.

할머니는 나를 고등학교 졸업을 시키고 대학까지 보내셨다. 엄마나 다름없는 셈이다. 학창시절에는 아침에 등교할 때면 밥 한 숟가락을 들고 따라 나오기 일쑤였다. "아침 먹고 가라"는 말을 계속하면서. 때로는 스쿨버스 앞까지 숟가락을 들고 와 창피할 때도 있었다. 그래도 기어코 한 입 떠먹이고 마는 고집 센 할머니다.

부모님과 떨어져 지내도 기죽지 말라며 다른 엄마들과 함께 학부형 노릇을 톡톡히 했다. 대학에 갔을 때도, 취업을 못해 좌절할 때도, 기자가 됐을 때도, 연애를 할 때도 항상 '니가 최고'라고 했다.

물론 꼬장꼬장한 성격은 말로 다 못한다. 좋은 음식이나 옷을 사드리면 항상 "나는 됐다. 니나 해라" 하시다가도 별안간 옷 색깔이나 디자인이 마음에 안 든다고 지적한다. 10만 원짜리 한정식 코스보다 2만 원짜리 국수 전골을 잘 드셔서 당황하게 만드는 것도 예삿일이다. 새로 장만한 할머니 옷을 회사 갈 때 입으라며 굳이 내 가방에 구겨 넣어서 화를 낼 때도 많다.

요즘 부쩍 고기가 먹고 싶다고 하던데 그것도 치매 증세인가. 맥심 커피에 설탕을 세 스푼이나 넣고 달콤하게 타먹는 것도 즐기는데 그것도 치매인가. 그거야 나이가 들면 어릴 때 입맛으로 돌아가니까. 나는 할머니의 작은 행동 하나하나를 떠올리며 치매 증세와 접목시켜 봤다.

옛날이야기를 많이 하는 것도 치매 증세인가. 가끔 할머니는 뜬금없이 6·25 전쟁 이야기를 꺼낸다. 공산군이 쳐들어 와서 고생이 이만저만이 아니었다고 한다. 당시 할아버지가 공무원이셨는데 공무원 가족이라고 온갖 수모를 당했다며 "나는 북한이 싫다"고 누차 강조한다. 요즘은 밤에 누우면 종종 그런 옛날 생각이 난다고 했다. 할머니는 "일본이 독도를 뺏어가는 것도 싫다"며 일본에 가서 말을 좀 하라고 한다. 그런데 할머니들은 원래 일제강점기, 6·25 전쟁 등 큰일들을 겪었으니까.

할머니는 요즘 내가 어린 시절 했던 행동을 잘 기억한다. 한번은 친구와 남해에 놀러 갔더니 점심 자리에서 또렷하게 이야기했다.

"얘가 한 번 된통 야단을 쳤더니 작은 방에 숨어서 하루 종일 안 나왔던 애다. 고집이 얼마나 센데. 같이 놀기 힘들걸?"

나는 내가 이래서 친구가 없다며 할머니에게 화를 냈었다. 그때 일은 나도 기억한다. 마귀할멈이 우리 할머니를 해치고 할머니 행세를 하는 거라며 작은 방에 숨어서 할머니를 감시했다. 창호지 문에 침을 발라서 구멍을 뚫어놓고 하루 종일 지켜보다 지쳐서 그냥 나왔다. 그때 문 앞에 먹을 게 놓여 있었다.

이 역시 나를 키웠으니 할머니 기억에는 선명할 수밖에 없다. 그 밖에 치매로 의심할 만한 상황이 뭐가 있었더라. 생각을 해봤다. 자주 오지 못하니 내가 눈치를 못 챘을 수도 있다.

할머니는 문단속에 신경을 많이 쓴다. 문단속에 신경을 많이 쓰는 점도 치매로 볼 수 있는 걸까. 누가 집에 와서 뭔가 가져가면 안 된다며 집을 비울 수가 없다고 했다. 그래서 서울에 올 수도 없다고 한다. 드라마 〈천일의 약속〉에서 수애가 누가 자기 옷을 훔쳐 간다며 옷장을 지키고 있던 장면이 문득 생각났다. 할머니도 그런 건가. 그렇지만 할머니는 옛날부터 문단속을 열심히 하는 성격이다.

또 낯선 객지 사람을 보면 텔레비전에서 봤다면서 인사를 한다. 연예인인 줄 아는 것이다. 닮은 연예인을 생각하는 건지 항상 "내가 테레비에서 봤다"고 우기신다. 텔레비전에 나오는 사람이 아니라고 하면 "왜 안 나와. 내가 똑똑히 봤는데" 하면서 역정을 낸다. 할머니 앞에서 서울 사람은 다 연예인이다. 이것도 치매 증세인가. 수애도 그랬었나? 수애도 누구냐고 했던 것 같은데.

그렇지만 남해에 갈 때 밤 10시 넘어서 도착해도 밥상을 차려 줄 정도로 아직 멀쩡하시다. 고등어자반이나 한우 고기, 장아찌 등 좋아하는 반찬을 보내드리면 밥도 잘 챙겨 드시는 편이다.

옛날부터 항상 향수를 뿌리는 걸 좋아하셨는데 그것도 여전하다. 종종 크리스챤 디올이나 페라가모 향수를 사다 드리는데 외출할 때는 항상 잊지 않는다. 흰머리 생기는 게 싫다며 까맣게 염색을 하는 것도 잊지 않는 편이다. 병원은 안 가도 미용실은 꼭 간다. 지금도 주름 방지 화장품에 무척 관심이 많다. 나이보다 젊어 보여서 내가 할머니 나이 드는 걸 생각 못한 걸까.

이렇게 자존심도 세고 고집도 센 할머니가 치매라니. 마음속에서 뭔가 와르르 무너지는 느낌이 든다.

자려고 눕자 착잡한 목소리가 건너왔다.

"나는 혼자 밥도 잘 챙겨 먹고, 날마다 화투도 치러 간다. 앵무새도 잘 키우고 있다. 근데 내가 무슨 치매라고? 그냥 이대로 살면 안 되나?"

생각할수록 마음이 아프셨는지 목소리가 잠겨 있다. 돌아누운 어깨가 작아졌다.

"수십 년을 이 동네에서 살았는데 내가 갈 데가 없을 리가 있나? 너무들 한다."

할머니는 크게 한숨을 쉬었다. 나와 이야기할 때 이렇게 말짱한 양반이 정말 치매에 걸리는 걸까. 문득 할머니를 서울로 모셔 오는 게 가장 좋은 대안이 아닐 수도 있다는 생각이 들었다. 왠지 행복하지 않을 것 같았다.

언제였던가. 할머니가 내 오피스텔에 온 적이 있다. 엘리베이터에서 버튼을 잘못 눌러 다른 층에서 헤맬까 봐 꼼짝 못 하셨다. 가게에 가지도 않았고 산책을 가는 것도 무서워했다.

식사를 챙겨 드리는 것도 만만치 않았다. 퇴근 후 저녁 약속이 있는 날이 특히 그랬다. 나는 퇴근하자마자 부리나케 택시를 타고 약한 시간이나 달려 오피스텔에 도착한다. 그러고는 후다닥 할머니 저녁밥을 차려 드리고는 다시 오피스텔을 나선다. 그러고 나면 할머니는 그 밥을 혼자 드시고 난 후 내가 키우는 앵무새들에게 말을 시키거나 청소를 해놓았다. 생각만 해도 가슴이 아렸다. 내가 없는 점심 때 식사 배달을 시켜 드려도 낯선 사람에게 문을 열어 주지 않아 허탕을 치게 하기도 했다.

그래서일까. 할머니는 연신 "서울에는 안 간다"며 고개를 저었다.

할머니 연세가 아흔 셋. 여생이라고 해 봤자 길어야 10년 남짓이다. 그 시간을 고향에서 보내게 할 수 있는 방법을 찾는 게 낫겠다. 할머니 말대로 스스로 식사도 차려 드시고 놀러도 나가신다. 그 정도면 90대 할머니 치고는 정정하다. 깜박깜박하더라도 이곳에서 지내는 편이 서울이나 병원, 양로원보다 훨씬 낫지 않을까.

돌아누운 할머니에게 말했다.

"할머니. 내가 어떻게든 남해에 살게 해줄게."

"어떻게?"

할머니가 다시 웃으며 반색을 하신다.

"하여간 있어. 있어 봐."

빚 있는 여자예요

　남해에 집을 살 수 있을까. 고민이 되기 시작했다. 고민이 너무 많으면 마음이 무겁다.

　대학 때부터 단짝이던 친구에게 슬쩍 털어놓기로 했다.

　"나, 빚이 좀 생길 것 같다."

　"뭐? 왜? 무슨 일 있어?"

　친구는 자금을 대출받아도 모자랄 나이에 시골집이 웬 말이냐며 어처구니가 없다는 반응이었다. 게다가 대출을 끼고?

　"대출, 그거 할 게 못 된다. 이자도 꼬박꼬박 내야 하고, 빚이 있다는 것만으로도 얼마나 스트레스를 받는다고."

　친구는 앞으로 빚 상환 위주의 생활이 펼쳐질 거라며 걱정을 했다. 나는 은행의 노예가 되는 건가.

　할머니 일을 이야기하니 친구는 부모님께 맡기는 게 좋겠다고 한다. 나는 괜히 그랬다가 할머니가 양로원이나 병원에 맡겨지는 게 싫다. 고부간 사이도 별로 안 친한데 말이다.

"우리 할머니 양로원 보내면 가출할 거래."

"잘 생각해야 돼. 몇 년 내로 결혼도 해야 하는데. 남자 친구한테 빚 있다고 하면 참 좋아하겠다? 어떻게 결혼할래?"

듣고 보니 그렇다. 친구는 빚을 내는 대신 다른 해결책이 있을 거라며 고민을 좀 해보라고 했다.

다음 날. 대학 선배 언니와 저녁을 먹으며 집 이야기를 털어놨다.

"언니 있잖아. 할머니 살 집이 필요해서 내가 하나 살까 해."

언니는 사연을 듣더니 해결책을 알려줬다. 언니네 이모가 수녀님인데 경남 양산에 노인들을 위한 시설을 운영하고 있다고 했다. 양로원이 아니라 그냥 노인들에게 원룸을 제공해준다고 했다.

성당에서 관리를 해주기 때문에 비용도 저렴하고 할머니도 친구들이 생기니까 더 재미있게 지내실 수 있을 거란다. 양로원처럼 한곳에 모여 사는 게 아니라 각각 월세를 내고 집을 이용하기 때문에 오피스텔 같은 형태. 어떤 할머니는 한꺼번에 월세를 모두 지불하고 입주했다고 한다.

밤에 할머니와 통화하면서 말을 꺼내 봤다.

"그러니까 월세를 내고 사는 거야. 음. 양로원이 아닌 거지."

할머니는 쿨하게 거절했다. 다른 할머니, 할아버지들과 같이 살기 싫다고 했다. 다시 원점으로 복귀.

며칠 뒤, 오랜만에 기자 친구들과 모였다. 우리 셋은 모두 30대 미혼 직장 여성의 전형이다. 신문에 나오는 해외여행과 쇼핑, 저축상품, 명품, 남자에 관심이 많은 '30대 미혼 직장 여성 김모 씨(33)'는 딱 우리라며 웃곤 한다.

마침 최근 들어 우리는 '옷 안 지르기'를 실천하고 있던 참이었다. 그런데 한 선배가 3만 원대 플랫슈즈를 하나 사고 말았다며 양심 고백을 했다. 그 말을 듣기가 무섭게 다른 친구는 온라인 쇼핑몰 장바구니에 담아 뒀던 옷을 하나 결제할 거라고 했다.

나는 이제 절약을 좀 할까 한다고 선언했다. 그러고는 이렇게 말했다.

"좀 큰 걸 사려고 해. 사고 싶은 게 생겼어."

친구들은 눈을 동그랗게 뜨고 웅성거렸다.

"얘가 웬 일이야?"

"또 뭘 사려고? 얘 큰 거 산다니까 나 무서워."

막상 설명하려고 하니 복잡했다.

"지금은 말할 수 없고. 사고 나서 말해줄게."

친구들은 답답하다는 듯 빨리 말하라고 재촉했다.

"차 사게?"

한 친구가 취재에 들어갔다. 나는 고개를 저으며 말했다.

"차는 아니지만, 그 정도 돈은 들지도 몰라."

친구들은 머리를 굴리기 시작했다.

"우리가 살 만한 비싼 거 뭐가 있지? 가구인가?"

생각해보니 한 가구, 두 가구 할 때 가구는 달리 말하면 집. 그러니까 가구=집. 나는 비슷한 거라고 고개를 끄덕였다.

"그러니 좀 니들이 도와줘야겠어. 주말에 벼룩시장에 참여하자."

나는 집을 마련하기 위해 평소에 쓰지 않고 소장한다는 사실만으로 만족하고 있는 물건들을 일단 내다팔기로 했다. 지하철에서 뚝섬 벼룩시장 공고를 봤기 때문이다. 조금이라도 보탬이 될지도 모르니까.

친구들은 어이없어하며 한마디씩 해댔다.

"웬 벼룩시장?"

"뭐하자는 플랜이야?"

"사는 게 아니라 팔자고?"

그러다가 내 사정을 알고는 동참하기로 했다. 나는 총 40개의 물건을 등록해야 했기 때문에 친구들에게 이렇게 말했다.

"한 명당 열다섯 개의 물품을 내놓는 거야."

친구들은 모두 고개를 끄덕였다. 우리는 뚝섬 벼룩시장 게시판에 사연을 썼다.

저희는 30대 미혼 직장 여성들인데요, 골드미스까지는 아닌 그냥 미혼 여성들이에요. 그동안 과도하게 쇼핑을 즐겨온 걸 최근 반성하고 있습니다.

앞으로 절약하며 살겠다는 생각을 갖고 있습니다. 쇼핑 금지 선언의 각오를 다지는 차원에서 장터에 참가하고 싶습니다. 저희의 물건 판매가 이웃을 돕는데도 도움이 되면 좋겠습니다. 참가하도록 해주세요.

최대한 구구절절하게 썼다. 불우이웃돕기를 할 상황은 아니지만 그래도 돈을 벌게 되면 일부를 나눔에 쓰는 취지도 마음에 들었다. 친구들에게 보여주자 흡족해하는 눈치다. 사연을 제출하고 기다렸더니 벼룩시장에 당첨됐다. 우리는 이제 토요일에 판매자로 나가기만 하면 되는 것이다.

나는 집에 있는 원피스들과 새장 모양의 인테리어 스탠드, 책들, 귀걸이, 소장품으로 전락한 빨간 공단 구두를 벼룩시장에 내놓기로 했다. 벼룩시장 전날 나는 친구들에게 오전 11시에 문을 여니까 늦지 말라며 신신당부했다. 하나라도 더 팔아야 한다며.

그러나 벼룩시장 당일 아침 11시가 됐을 때, 나는 잠옷을 입은 채 창밖을 보고 있었다. 비가 주룩주룩 오고 있었기 때문이었다. 일기예보에서 기상 캐스터는 강풍을 동반한 호우가 올 예정이라고 말했다. 밖을 보니 길에 빨간 우산, 노란 우산, 뒤집힌 우산들이 걸어 다닌다. 이럴 수가.

뚝섬 벼룩시장 홈페이지를 보니 당첨된 게 다음 주말로 이어지는 것도 아니었다. 그냥 취소였다. 다시 사연을 보내서 신청해야 하는 것이다. 그렇게 벼룩시장은 무산됐다.

얼마 뒤 나는 친구들에게 진실을 말했다. 친구들은 깜짝 놀랐다.

"괜찮겠어?"

나는 비장한 목소리로 말했다.

"앞으로 쇼핑 같은 거 절대 안 할 거야. 과자도 안 사먹을 거고."

친구들은 안쓰럽다는 듯이 말했다.

"과자, 밥, 그런 거 우리가 사줄게. 근데 정말 괜찮겠어?"

연이은 말에 나는 적이 걱정됐다.

'정말 괜찮을까. 왠지 안 괜찮을 것 같은데……'

하지만 이미 선언을 해버렸다. 이제 친구들끼리 소소하게 쇼핑하던 날도 안녕인가 싶었다. "나는 딸린 가족이 없잖아"라고 합리화하며 해외여행을 지르는 일도 이젠 못 한다. 그런 생각을 하니 벌써부터 우울했다. 집을 살까 했다가, 또 자신이 없어졌다가, 나는 계속 망설이고 있었다.

남자 친구에게 말하기로 했다.

"레전드 님. 나 아무래도 빚이 생길 것 같아요."

"왜, 무슨 일 있어요?"

"남해에 집을 사려고 해요. 레전드 님은 어떻게 생각해요?"

어차피 결심은 사는 쪽으로 80퍼센트 이상 기울어 있지만 일단 물었다.

"바닷가에 집 있는 여자가 되는 거예요? 멋지다!"

나는 고개를 흔들었다.

"집 있는 여자가 아니라 빚 있는 여자가 되는 거예요."

"애인이 어떤 결정을 해도 난 존중할 거예요."

뭔가 조금 든든하다. 나는 앞으로 바짝 벌어야겠다고 생각했다.

마음 한쪽에는 빚더미에 올라앉나 하는 불안감이 모락모락 피어

올랐다. 이대로 하우스푸어가 되는 건가. 월급의 절반 이상을 대출금 상환에 쓰느라 생활이 쪼들리는 하우스푸어. 은행 빚에 허덕이며 밥도 제대로 못 사먹는 불쌍한 사람이 되는 건가. 생각할수록 마음이 무겁다. 빚이 생긴다고 생각하니 나는 어느새 고개를 힘차게 젓고 있다. 무리야. 무리.

나는 할머니가 남해에서 계속 살 수 있도록 무슨 수를 써서라도 집을 해주겠다고 장담한 것을 조금 후회했다.

집 그 까짓것 한번 사보지 뭐!

시골집 구입을 망설이는 동안 할머니에게 수차례 서울행을 제안했다. 그러나 수차례 무산됐다. 할머니는 하루는 서울에 온다고 했다가 막상 모시러 가면 또 마음을 바꾸었다.

"내가 무슨 영화를 바라고 낯선 서울로 가노. 그냥 여기서 늙어 죽을란다."

할머니는 이사 문제로 더 이상 속상하고 싶지 않다고 했다. 이게 무슨 일인가 싶어 가슴이 답답하다고 했다. 이웃집 아랫방을 얻어 살더라도 그 동네에 있고 싶다는 할머니의 말에 안쓰러운 생각이 들었다. 오히려 건강을 해칠 수도 있으니 설득은 그만두기로 했다.

2주 정도 있다가 남해에 내려갔을 때, 집 마루에는 산더미처럼 짐이 쌓여 있었다.

"이게 다 뭐야, 할머니?"

"내가 이사 갈 때 갖고 갈 짐이다."

나는 덜컥 화를 내고 말았다. 도대체 할머니 한 사람 옮기는데 이 많은 짐이 다 무슨 소용인가 싶었기 때문이다. 할머니는 그동안 쌓아놨던 짐을 조금도 버리고 싶지 않다며 고집을 부렸다. 다 필요한 물건이라는 것이다. 나는 버릴 건 버리고 간단하게 하자고 했다.

"내가 수십 년 모은 재산이나 다름없는데 저걸 다 버리라고? 이제 죽을 날 받아놨다는 거냐?"

할머니는 서운해하며 금방 토라지셨다. 마음이 단단히 상하신 모양이었다.

상자 하나를 열어 봤다. 쓰지 않은 곽 티슈, 각종 수첩들, 오래된 공책, 다이어리, 열쇠고리, 심지어 내가 학교 다닐 때 샀던 배용준 스티커도 있었다. 작은 옥편과 예쁘다고 모았던 액자도 있었다.

이제는 주인인 나마저도 애착을 갖지 않는 이 물건들을 할머니는 하나도 버리지 않고 소중히 보관하고 있었다. 속이 상했다. 괜히 정리되지 않는 남은 인생 같기도 해서 화도 났다. 정리 좀 하자며 할머니를 다그쳤다.

"이사하는 것도 다 돈이야. 버릴 건 버리자, 할머니."

할머니는 싫다고 했다. 그걸 버리면 이제 숙는 일만 남은 것 같아서 마음이 아프다고 했다. 다 못 쓰고 죽더라도 본인 가시고 난 후에 버려 달라고 했다.

나는 더 이상 설득하지 않기로 했다. 짐을 상자마다 잘도 테이핑을 해서 정리해뒀다. 하나하나 정리하며 마음도 아프셨을 것 같다.

'저거 싸느라고 노인네가 몇 날 며칠을 박스를 나르고 해서, 손이다 갈라졌다'는 생각에 다다르자 내 마음도 아파왔다. 그러면서도 한 편으로는 젊은 사람도 혀를 내두를 정도로 대단한 포장 실력에 감탄했다.

"그래. 까짓것 다 싸 갖고 있어. 그게 편하다면."

결국 나는 남해에 집을 알아보기로 했다. 시골집을 사는 일은 그렇게 시작됐다.

외제차를 할부로 사는 셈 치지 뭐. 그때까지만 해도 나는 집을 사는 게 그냥 화장품 쇼핑하듯 사면 되는 줄 알았다.

2장

그림 같은 시골집을 찾아서

물건리의 특징은
둥근 해안선에 빨갛고
하얀 등대가 있는
몽돌 해변과 방조림 숲이다.
마을은 반달 모양으로
뒤로는 산을 지고
앞으로는 바다를 바라보고 있다.

남해에 집을 사기로 하고 부동산을 검색하기 시작했다. 주요 검색 대상은 '전원주택'과 '시골집'이었다.

세상에. 가격은 생각보다 쌌다. 2000만 원에도 시골집을 살 수 있다니. 나는 희망에 부풀었다. 심지어 어떤 집은 1900만 원이었다. 그러나 그 희망은 매물 검색을 한 지 1분도 채 안 돼 와르르 무너졌다.

2000만 원대 부근의 매물은 대부분 상당히 오래된 시골집이었다. 말 그대로 옛날 집. 재래식 화장실은 기본이고 마당에는 잡풀이 우거져 있었다. 1900만 원짜리 집은 마치 귀신이 나올 것 같은 목조주택이었다. 대부분 동네 안에 자리 잡고 있었는데 그 동네 아이들 사이에는 벌써 귀신집이라는 별명이 붙어 있지 싶다.

사람이 오랫동안 살지 않아서인지 외관만 봐서는 주인이 있다는 게 신기할 정도의 집도 많았다. 문제는 이렇게 싼 시골집을 구입하면 다음 절차로 새집 짓기가 남아 있다는 점이다. 목조주택만 해도 평당 250~300만 원은 신축 비용으로 나가기 때문에 추가로 3000만 원 정도는 지출을 감수해야 한다. 따라서 2000만 원에 초가집을 사서 신축 비용 3000만 원을 들이면 총 5000만 원의 비용이 드니 결코 싼 것이 아닌 셈이다. 오히려 전체 비용으로 치면 좀 쓸 만한 시골집을 사는 것에 비해 돈이 훨씬 많이 들 수도 있다. 싸다고 좋아할 게 아니다.

그렇다고 비싼 집을 덥석 살 수도 없다. 수리할 필요가 없고 당장 들어가서 살 수도 있지만 시골집을 오래 보유하기에 나는 너무 젊은 편이다. 여윳돈이 거의 없는데다 언젠가 팔아야 하는 순간을 고려해야 한다.

그래서 몇 가지 원칙을 정하기로 했다.

1. 바다가 보일 것
2. 2000~5000만 원 사이
3. 보수 비용이 적게 들 것

첫 번째 원칙은 전망이다. 남해는 하루 종일 걸어도 80퍼센트 이상 바다가 따라다니는 섬이다. 섬에 주택을 보유하면서 바다가 보이지 않는다면 그만큼 메리트가 떨어질 수밖에 없다. 바다 전망은 필수 조건이다.

두 번째는 비용이다. 나는 돈이 없다. 게다가 결혼도 안 한 처자다. 30대 초반에 큰 비용을 지출하기에는 부담이 너무 크다. 인생은

가볍게 왔다가 가볍게 가는 거라면서 가구도 별로 안 사는 성격인 내가 어쩌다가 시골집을 사게 됐지만, 일단 빚을 키울 필요는 없어 보였다.

세 번째는 추가 비용이다. 집이 너무 낡아서 보수 비용이 많이 든다면 배보다 배꼽이 클 수 있다. 일단 건축사무소에 물어보니 15~20평 정도면 리모델링 비용은 약 1500~2000만 원 정도 잡아야 한다고 했다.

이렇게 나름 원칙을 정하고 보니 매물을 어느 정도 분류할 수 있게 됐다.

우선 2000~3000만 원 사이의 시골집. 대부분 재래식 화장실과 좁은 평수, 때로는 상상을 초월하는 외관을 보유하고 있다. 이 정도 가격, 이 정도 집은 일단 총비용이 5000만 원 정도 들어간다고 봐야 한다. 보수 비용을 최대한 쏟아부어야 하기 때문이다. 자칫하면 군청에서 지원하는 농가 철거 비용을 받아서 새집을 지어야 할지도 모른다.

가장 내게 적합해 보였던 가격대는 3000~5000만 원대 시골집이었다. 재래식 화장실이 있는 곳도 많았는데 기본적으로 기름보일러 시공이 돼 있다. 비록 허름하기는 해도 입식 부엌을 갖춘데다 문도 새시문이다. 비록 평수는 14~20평 정도로 좁지만 열심히 찾아보면 바다가 보이는 집도 꽤 있다. 보수 비용을 조금만 들이면 나름 멋진 시골집을 만들 수 있을 것 같다.

그다음이 5000~8000만 원대 시골집이었는데 시설도 나쁘지 않고 민박집으로 쓰였던 곳도 좀 있다. 리모델링이 돼 있어 굳이 보수 비용을 들이지 않아도 바로 입주해 생활할 수 있다. 여차하면 여름에 집을 비우더라도 민박집으로 활용할 수 있다. 그러나 할머니 혼자 관리하기에는 집이 좀 크다. 게다가 팔아야 할 때 좀 무거운 매물일 수 있다. 아쉬운 점은 너무 비싸서 살 수가 없다.

1억 원이 넘는 집은 시골집이라기보다 펜션이나 전원주택이라고 부르는 게 어울릴 정도의 외관이다. 아예 전원생활을 꿈꾼다면 구입을 고려할 만하다. 참고로 2~3억 원 남짓이면 남해 독일마을 부근의 아름다운 독일식 집을 살 수 있다.

앞으로 내게는 얼마나 많은 일들이 남은 것일까. 걱정이 되긴 하지만 괜찮다. 용기를 조금만 가지면 상상하지 못했던 일들을 버젓이 할 수 있을 테니까.

인 터 넷 폭 풍 검 색 을 하 다

매물 탐색을 위해 인터넷 폭풍 검색에 들어갔다. 괜찮은 조건의 집이 있었다. 단층 양옥집인데 주인이 낚시가 취미여서 사들였다가 파는 거란다. 가격은 4500만 원. 마당이 없는 20평 정도의 건물이었지만 욕실, 화장실, 싱크대 등 내부 시설도 다 돼 있고 외관도 번듯했다. 가게를 하다 만 건물인지 현관 쪽에 새시문이 돼 있었는데 그것도 나쁘진 않았다. 전망도 바다가 보였다.

그 다음 주에 남해에 가서 아침 일찍 그 집을 찾아 나섰다. 사진으로 보는 것보다 의외로 건물이 꽤 컸는데다가 옥상이 돼 있어서 바다가 보일 것 같아 좋았다. 무엇보다 바다까지 걸어서 3분이었다. 야호!

좋은 집을 찾았다 생각했는데 친구에게 말하니 반응이 시원찮았다. 일단 땅 넓이만 보면 너무 좁지 않냐고 했다. 그렇지. 땅만 보면, 30평 남짓한 땅에 그 건물만 꽉 차 있는 셈이니 좁았다. 맞는 말이었다.

부동산 중개업소에 전화를 걸었다.

"그런데 집이 작은 편인 거죠? 나중에 팔 때 가격이 오를까요?"

부동산 중개업소에 너무 자주 전화했더니 사장님이 한숨 섞인 목소리로 답했다.

"그 벽돌집은 매수자가 어제 계약금을 걸었어요. 요즘 봄이라 그런지 전원주택 문의가 많아서. 돈이 별로 없다고 했죠? 그러면 불탄 집도 가격이 싸서 괜찮을 거예요. 생각해보고 다시 전화주세요."

망설이고 재는 사이에 그 집은 이미 팔리고 없었다. 나는 끊어진 전화기를 든 채 부동산 시장은 이런 건가 하면서 한참 생각했다.

남해에서도 물건리는 상대적으로 집값이 비싼 편이었다. 독일마을이 들어서면서 인기몰이를 해 집값이 많이 뛰었기 때문이다.

독일마을은 남해군에서 특별히 조성한 마을이다. 독일로 이민 갔던 간호사, 광부 등 재독 동포들이 은퇴 후에 와서 지낼 수 있게끔 마을을 만든 것이다. 건축 양식도 독일식으로 지어 흰 벽에 오렌지색 지붕으로 아주 이국적이다. 최근 유명한 예능 프로그램에 나오면서 관광객이 줄을 잇고 있다. 그 독일마을 뒤편으로는 원예마을이 있다. 아름다운 정원이 있는 별장들이 가득 들어서 마을 자체가 입장료를 받는 관광지다.

물건리의 특징은 둥근 해안선에 빨갛고 하얀 등대가 있는 몽돌 해변과 방조림 숲이다. 마을은 반달 모양으로 뒤로는 산을 지고 앞으로는 바다를 바라보고 있다. 산 쪽으로 독일마을의 오렌지색 지붕을

인 하얀 집들이 들어서 있다. 전원주택을 갖기에 안성맞춤인 마을인 셈이다.

더군다나 마을 내에 집이 많지도 않고 동네 사람들 대부분은 토박이 주민들이라 매물도 별로 없다. 수요는 있는데 공급이 달리는 지역인 셈이다. 집을 사려고 해도 나오는 매물이 한정적이다 보니 내가 살 수 있는 집은 한두 곳 정도밖에 없었다.

나는 남해의 부동산 중개업소 홈페이지 몇 군데를 즐겨찾기에 등록해놓고 틈틈이 들여다봤다. 어떤 매물들이 있는지 자주 보며 눈에 익혔다. 부동산 중개업소별로 전화도 한 번씩 해보며 차츰 매물 찾기에 익숙해지기 시작했다.

잘 아는 지역이든, 잘 모르는 지역이든 여러 부동산 중개업소에 전화를 돌린 일은 꽤 도움이 됐다. 남해 지역 내의 집값이 평균적으로 얼마나 하는지, 어느 동네가 매물이 많은지도 알 수 있었다.

공인중개사들은 동네별로 부동산들이 어떤 특징이 있는지 꼼꼼히 설명해줬다. 토지를 사서 신축하는 일은 물론 마을마다 내가 생각한 가격대의 집이 어떤 게 있는지 추천을 했다.

이때 무엇보다 중요한 정보는 어느 동네 집들이 주목을 받는가 하는 것이다. 그리고 또 한 가지, 외지인들이 전원주택이나 시골집을 구할 때 주로 선호하는 동네가 있다는 것도 신기한 일이었다. 예쁜 바닷가와 평화로운 풍경은 물론이고 동네 분위기나 특색이 매입에 큰 영향을 미친다는 것이다.

이를테면 남해 같은 경우 힐튼 리조트가 있는 곳과 방조림이 있는 곳, 남해대교가 보이는 곳, 생활 기반 시설이 좀 많은 읍내 등 동네마다 특색이 제각각인데, 이런 점이 큰 고려 사항이 된다는 것이다.

나는 독일마을과 예쁜 바닷가, 마을 생김새 등을 물건리의 장점으로 꼽았지만 여러 부동산 중개업소에 전화를 돌린 결과 공통적으로 알게 된 것은 '물건리는 매물이 잘 나오지 않는다'였다. 한결같이 수요만 많다고 했다.

이것과 관련해 한 부동산 공인중개사는 "물건리는 마을 내에 가구 수가 일단 적어요. 게다가 장수촌이라 노인들이 오래 살아서 집을 잘 안 팔죠. 관광지니까 매물이 나오더라도 빨리 팔려버려요"라고 말해주었다. 권해줄 만한 매물이 없다는 것이다. 대부분의 공인중개사는 물건리를 제외한 주변 마을을 권했다.

하긴 물건리가 장수촌이지. 그런데 그곳에 놀러 가서 "역시 장수촌이네요. 할머니도 오래 사시고"라고 해선 안 된다. 할머니들이 역정을 낸다. 차라리 "할머니, 아흔 넘으셨는데 동안이시다"라고 마음에 없는 소리를 하는 편이 낫다.

또 다른 공인중개사는 "물건리와 가깝지만 안쪽에 있는 마을의 경우는 오히려 최근 집값이 떨어졌어요. 이유랄 건 없고 그냥 사려는 사람들이 별로 없어서 그렇지 뭐"라고 말해주었다.

그 뒤로도 여러 곳의 부동산 중개업소와 여러 번 통화를 했다. 그러고는 결론을 내렸다. 남해에 집을 사는 게 그다지 나쁘지 않네!

다음 로드뷰로 미리 가보기

　네이버에서 '남해 주택'을 검색하다가 2000만 원대 주택을 발견했다. 2600만 원으로 지족리에 있는 집이었다. 물건리와는 좀 떨어진 곳이나 창선대교, 죽방림에 인접해 있고 면사무소, 농협 등 주변 시설이 괜찮은 지역이다. 그러나 집은 아주 좁았다. 설명은 바다 조망이 좋고 펜션으로 써도 된다고 했다.

　부동산 중개업소 아저씨와 통화를 했다. 혹시나 해서 할머니가 살 거라고 미리 말을 했다. 동정심을 유발할 생각은 아니고 실제 생활하기에 편리한 곳이어야 한다는 의미였다.

　"바닷가 근처에 있긴 한데 할머니 살기엔 좀 불편할 수도 있어요."

　사정을 말하자 아저씨가 솔직히 털어놓는다. 주소를 알려주면서 다음 로드뷰로 한번 보란다. 다음 로드뷰. 이걸 활용하면 직접 가지 않고도 큰길에서 대충 동네 정도는 가늠할 수 있다. 물론 큰 도로 위주로 따라가는 것이라 동네 안까지는 자세하게 들여다볼 수 없다. 그러나 동네 분위기가 어떤지, 도로는 대략 어디로 나 있는지 정도는

54

파악할 수 있어 매우 편리하다.

아저씨가 번지를 가르쳐준 덕분에 로드뷰로 집을 볼 수 있었다. 집 앞에 꼬부랑 할머니가 서 있는 모습이 사진으로 찍혔다. 그런데 슬레이트 지붕으로 된 조그만 집은 그냥 집들 사이에 끼어서는 선창가로 보이는 작은 항구를 바라보고 있을 뿐이다. 풍경을 보니 펜션은 아무래도 무리지 싶다. 집 크기도 작고 허름하다. 부동산 가격이란 참 합리적이구나 싶었다.

시골집을 검색하면서 이런 말을 봤다.

"부동산에서도 '싼 게 비지떡'이란 말은 존재한다."

급매가 아닌 이상 싼 곳은 싼 이유가 있다는 말이다. 이를테면 도로가에 있는 땅이 가격도 착하다고 좋아하다가는 손실을 볼 수 있다. 지적도를 떼어보면 도로 면적에 일부 편입이 돼 있다거나 가운데 남의 땅이 들어가 있다. 진입하기 위해서는 남의 땅을 거쳐야 하기도 한다. 여러 복잡한 변수들이 가격을 깎는 요인으로 작용하고 있는 것이다. 심지어 땅 위에선 안 보이는 개울이 지적도상에 존재하는 경우도 있다고 하니 정말 부동산은 알다가도 모를 일이다.

"요즘에는 로드뷰 정보가 괜찮아서 도시 사람들도 이 시골까지 여러 번 올 필요 없어요"라는 부동산 업자의 말이 아니더라도 처음 후보지를 정할 때 로드뷰는 매우 유용하다. 자칫 아름답지도 않은 동네에 부동산 공인중개사가 펜션을 지으라고 부추기며 홍보를 할 수도 있으니 로드뷰를 꼭 챙겨 보는 게 좋다. 물론 가장 좋은 것은 발품이다. 로드뷰는 아직 가보지 못한 곳의 매물을 판단할 때 도움이 된다. 나 역시 비록 그 집을 사지는 못했으나 꽤 도움이 됐다.

오랜 탐색 끝에 나는 목표지를 남해 독일마을이 있는 삼동면 물건리나 그 부근으로 잡았다. 이곳은 어릴 적 내가 자란 동네이고 할머니가 남은 여생을 보내길 원하는 곳이었다.

특히 물건리는 독일마을이 있어 관광지로 이름나 있는 곳이기 때문에 처분에도 유리할 것이라는 생각도 있었다. 전원주택 수요가 많은 동네인 만큼 매물도 귀한 편이다. 나중에 집을 되팔 때 나쁘지 않은 조건이다. 무엇보다 물건리는 로드뷰를 보지 않아도 이미 아는 동네라는 장점이 있다.

장단점 비교 분석표를 만들어라

심혈을 기울인 끝에 사고 싶은 매물을 정했다. 후보를 세 개로 압축하고 나니 생각이 좀 정리가 됐다.

첫 번째 매물은 물건리 안에 있는 집이다. 가격은 4500만 원. 방 2, 부엌방, 재래식 화장실, 아궁이가 있는 마당까지 66평에 집은 20평이었다.

두 번째 매물은 동천리(물건리 옆 마을)에 있는 불탄 집이었다. 화재가 나서 집이 불탔기 때문에 가격이 할인된 매물이었다. 가격은 2500만 원이었다.

세 번째 매물은 어떤 할머니가 살던 집인데 3000만 원짜리였다. 집은 14평밖에 안 되고 재래식 화장실이다.

생각은 시간이 흐르면 뒤틀리고 또 언젠가 망각이 되는 법. 나는 바닷가 집 마련 프로젝트를 제대로 하고 싶었다. 그래서 정신을 차리고 대충 매물의 특징을 생각나는 대로 일단 종이에 적었다.

1. 물건리 집(4500만 원)

방 2, 부엌방, 아궁이

66평에 집 20평

재래식 화장실 보수 필요. 1000~1500만 원 추가 비용 발생

바다까지 3분, 독일마을, 아는 동네

총비용 약 6000만 원

2. 불탄 집터(2500만 원)

철거 비용 지원 가능(땅값만 지불)

92평

주택 건설 비용 2000~3000만 원 추가 비용 발생

'불탄 집터는 부자터'

총비용 약 4500~5500만 원

3. 금천마을 할머니 집(3000만 원)

바다 전망

34평에 집 14평

재래식 화장실 보수 필요. 1000~1500만 원 추가 비용 발생

총비용 4500만 원

대략적으로 적어 보니 총비용 면에서는 3번이 제일 우수했다. 비용 부담이 적고 바다 전망에 크기도 적당하다. 투자 효율성으로 보면 가장 좋은 조건이다.

그러나 할머니가 낯선 동네에서 살아야 하기 때문에 아깝지만 보류했다. 낯선 동네에서 새로 집을 얻는 건 할머니로서는 큰 모험이기 때문이다. 무엇보다 아무도 들여다봐 주지 않는 동네에서 혼자 집을 얻어 살다가 돌아가시게 할 수는 없었다.

그다음이 불탄 집터였다. 부자터라는 속설에 미련을 못 버린 탓도 있지만 초기 비용이 싸다는 점 때문에 매력적이었다. 그러나 바다가 안 보이는 데다 큰 도로에서 한참을 걸어 들어가야 하는 마을 위치는 부담이었다. 건축 비용은 막대한 부담으로 다가왔다.

1번은 사실 크게 염두에 두지 않던 매물이었다. 4500만 원이라는 가격 때문에 올려놓기는 했으나 비용 부담이 컸다. 시골에 4000만 원 이상을 투자하는 일은 결심하기가 쉽지 않다.

그냥 생각만 하니까 골치가 아팠다. 하루 종일 곰곰이 생각하는데 정리도 안 되고 복잡하기만 했다. 그래서 정리 내용을 갖고 다시 표를 만들었다. 각각의 장단점을 담은 표다(60쪽 참조).

매물	장점	단점
물건리 집	바다 3분 접근성 독일마을, 아는 동네 처분 수월할 듯 돌담, 아궁이, 집 20평	높은 보수 비용 (1500~2000만 원) 빚 두 배
불탄 집터	불탄 집터=부자터 저렴한 초기 비용(2500만 원) 신축 비용(2500~3000만 원) 땅 92평 새집	나쁜 접근성 외지인 선호지역 아님 처분 어렵다
금천마을 집	저렴한 가격 접근성 좋아(버스정류장 인근) 보수 비용 1000만 원 이내 바다 전망 처분 쉬워	모르는 동네 좁은 집 14평

사실 처음에 가장 관심이 갔던 건 2번이었다. 불탄 집터를 사는 게 찜찜해 검색을 해봤더니 뜻밖에도 '불탄 집터는 부자터'라는 속설 이 있다고 했다. 아이 좋아라. 불탄 집터만 찾아다니는 사람들도 있 단다. 게다가 가격도 싸다. 불탄 집터 주인이 원래 5000만 원을 받고 싶어 했는데 집이 없으니까 부동산에서 대폭 깎아서 사실상 땅값만 받고 파는 거란다.

나는 무작정 불탄 집터를 구입하기로 마음먹었다. 2500만 원 정도면 신용대출만으로도 무난히 살 수 있고 군청에서 소실된 집 잔해를 철거하는 비용을 지원해준다고 한다. 구질구질하게 헌 집을 고쳐 쓸 필요 없이 반짝반짝하는 새집에 입주할 생각을 하니 마음이 두둥실 날아올랐다.

그러나 생각해보니 자금 조달에 문제가 생길 듯했다. 불탄 집터를 산다고 치자. 어찌어찌해서 돈은 마련하겠지만 그다음이 문제였다. 집은 무슨 돈으로 짓지? 집을 담보로 돈을 빌리려면 집이 있어야 하는데 이곳은 이미 불이 나서 집이 소실되고 없지 않은가. 분명 자금 조달에 차질이 생길 수 있었다. 땅값을 신용대출로 조달하더라도 담보대출을 받을 수 없게 되면 나는 그냥 불탄 집터만 갖는 셈이다. 텐트를 치고 살 수도 없고. 난감한 상황이었다.

금천마을 집은 상당히 매력적이었다. 집 자체도 아담하고 마당도 있었다. 무엇보다 가장 눈길을 사로잡은 것은 집 앞 풍경이었다. 집 앞으로 난 좁은 마을길을 따라 내려가면 바로 바다가 있다. 나무와 어우러져 정말 귀여운 풍경이 나타났다.

이 집은 가격도 3000만 원으로 충분히 자금이 조달 가능할 듯했다. 담보대출로 하면 추가로 신용대출을 받아야 하는 비용도 상당히 줄어든다. 허리띠를 바짝 잡아매면 1500만 원 정도의 신용대출은 1~2년 정도에 갚을 수 있을지도 모른다. 그런데 할머니가 마음에 걸렸다. 내가 집을 사는 이유는 어디까지나 할머니 때문이니까. 이런 낯선 동네로 이사 오게 하는 건 또다시 할머니를 외롭게 할 것이다.

결국 나는 물건리 집을 택하기로 했다. 물건리 집도 집 앞 풍경은 나쁘지 않다. 교회 뒤로 멀리 숲이 보인다. 따지고 보면 장점도 제일 많다. 특히 아궁이가 그대로 있고 돌담도 보존돼 있는데다 마당에 화단도 꾸밀 수 있다. 정말 좋은 조건이다. 집 구조도 나쁘지 않고 바다도 보이며, 게다가 내가 마음에 들었던 벽돌집과 몇 집 건너에 있어 내 걸음으로도 바다까지 3분이면 충분하다. 이 집의 가장 큰 단점은 가격이었지만, 그것은 어떻게든 감내해 보기로 했다.

돈이 얼마나 필요할까

마음에 드는 집에 대해 후보별로 견적을 내보기로 했다. 그래야 내가 모두 얼마를 써야 하고, 얼마를 조달해야 하는지 알 수 있기 때문이다.

먼저 물건리 집의 가격은 4500만 원이다. 여기에 세금과 부동산 복비가 약 200만 원 정도 추가된다. 리모델링 비용도 생각해야 한다. 대략 1500~2000만 원은 더 든다. 따라서 총비용은 6200~6700만 원이다.

불탄 집터는 초기 비용은 싸지만 신축 비용이 들어간다. 일단 불탄 건물 값을 빼고 땅값만 쳐서 2500만 원이라고 한다. 남해의 한 건축사무소에 대략 집 짓는 비용을 물어봤다. 약 15평 정도에 신축 비용은 2500~3000만 원 정도라고 했다. 제일 싸게 지었을 경우다. 목조주택과 스틸주택 여러 가지가 있지만 최소 평당 200만 원 정도는 잡아야 한다고 했다. 세금과 부동산 복비를 합치면 200만 원이 추가된다. 따라서 총비용은 5700만 원이다.

마지막으로 금천마을 집이다. 일단 집값은 3000만 원이다. 여기에 화장실을 포함한 일부 리모델링 비용만 추가하면 된다. 약 1000만 원 추가하더라도 총비용은 4000만 원이면 된다.

한눈에 알 수 있도록 또 표를 만들어 봤다.

물건리 집	불탄 집터	금천마을 할머니 집
·집값 4500만 원	·집값 2500만 원	·집값 3000만 원
·66평에 집 20평 (바다 전망)	·철거 비용 지원 가능 (땅값만 지불)	·바다 전망 최고
·재래식 화장실 보수 등 리모델링 비용에 1000~ 1500만 원	·주택 건설 비용 2000~3000만 원	·시설 양호
·복비+세금 약 200만 원	·추가 비용 발생	·34평에 집 14평
·총비용 약 6200~6700만 원	·92평, '불탄 집터는 부자터'	·총비용 약 4000만 원
	·복비+세금 200만 원	
	·총비용 약 5700만 원	

자 금 조 달 계 획 세 우 기

    매물은 대략 정했고, 자금 마련을 위해 내가 제일 처음 한 일은 은행에 가는 거였다. 일단 대출 창구에 가서 상담을 받았다.

    "시골집을 사는데도 돈을 빌릴 수 있어요?"

    은행 직원은 잠시 침묵했다.

    "시골집이요?"

    나는 고개를 끄덕였다.

    "되죠. 그런데 어디에 있는 집이에요?"

    "경상남도 남해요."

    잠시 고민하던 은행 직원은 다시 입을 열었다.

    "그건…… 대출이 되기는 하는데 근저당을 설정하려면 현지에 가서 물건을 봐야 하거든요. 대출금이 나오기까지 시간이 오래 걸려요. 서울에서 대출을 받는 것보다 현지에서 받는 편이 더 나을 수도 있어요."

    서울에 있는 은행 직원이 직접 가서 그 집을 보고 와야 한다.

남해까지는 버스로 다섯 시간 걸리는데.

근저당. 그런 것도 설정해야 한단다. 이를테면 내가 사는 집을 담보로 대출을 받는 셈이다. 다 못 갚으면 나중에 집을 팔아서 갚으면 된단다.

"그럼 제가 뭘 해야 하나요?"

"우선 사고 싶은 집이 얼마나 담보 가치가 있는지 알아야 해요. 그리고 나머지 돈은 신용대출로 받아야 하는데 신분증 줘보세요."

"오, 안 돼요. 안 돼요. 대출 가능 여부 조회하면 신용등급이 떨어진다던데."

그래도 금융기자랍시고 어디서 주워들은 건 있어서 얼른 손사래를 쳤다. 그러면 일단 신분증을 줘보라고 하기에 지갑을 열었는데, 없다. 나는 신분증도 안 가져오는 말도 안 되는 무식한 은행 고객이었던 것이다. 금융기자 6년차의 이력이 왠지 창피하게 느껴지는 순간이었다.

다행히 은행 직원이 직장 대출이 가능한지 여부만 알려줬다. 급여이체 계좌를 오랫동안 이용해 와서 혜택이 좀 있을 줄 알았는데 그런 것도 없나 보다. 게다가 나는 이직한 지 1년이 안 돼서 직장인 대출금리 우대도 안 된단다. 이직하는 사이에 불과 일주일 쉬었을 뿐인데. 이런 타격을 입다니.

아무튼 첫 번째 은행 방문에서 얻은 것은 내가 해야 할 일이 무엇인가였다. 은행 직원은 친절하게 이 순서대로 하면 된다고 알려주었다.

1. 사고 싶은 부동산의 실제 가격(공시지가)을 알아보고
   담보대출 금액을 확인할 것
2. 부동산 중개업소에서 계약금을 내고 매매계약서를 쓸 것
3. 매매계약서를 내면 담보대출 금액이 입금됨
4. 나머지 금액을 은행에서 신용대출 받을 수 있는지 알아볼 것
5. 전체 금액을 치르고 소유권 이전등기 완료

꽤 단순하다. 비 오는 날 점심도 굶고 은행에 간 보람이 있었다.

그렇지만 저금을 미리 많이 해놓지 못한 점은 후회가 됐다. 이 정도면 직장생활도 꽤 했고 월급도 적지 않게 받은 듯한데 돈은 다 어디다 썼나 싶었다.

결국 이렇게 빚을 내게 될 줄이야. 가급적 대출 부담을 최소화해야 했다. 나이가 30대 중반을 향하고 있는데 결혼은 어떻게 하나 생각하니 앞이 캄캄했다.

얼른 부동산 중개업소에 전화를 했다. 태산 같은 걱정은 나중에 하기로 했다. 중요한 것은 혹시라노 비용이 보사라녙 안 되기 때문에 부동산 업자와 여러 가지를 의논하기 위해서였다.

"집을 사려는데요."

"사기로 결정했어요? 그 벽돌집은 팔렸어요."

너무 많이 전화를 해서인지 공인중개사는 기억하고 있었다. 앞의 벽돌집을 샀더라면 비용 부담도 줄이고 좋았을 텐데 꾸물대다가 리

모델링 비용을 더 쓰게 생겼다.

나는 물건리에 나와 있는 4500만 원짜리 집을 목표로 정했다. 공인중개사에게 집을 사고 싶은데 비용이 너무 부담된다고 말했다. 자동차를 산 셈 치자고 했지만 시간이 갈수록 집을 사는 일은 쇼핑하는 것과는 차원이 다르게 느껴졌다. 마음이 무거웠다.

"저희가 은행에 알아봐드릴게요. 집값의 일부는 담보대출을 해줄 수 있으니까 걱정하지 마세요."

부동산 공인중개사의 말에 나는 한시름 놓았다. 그 정도를 담보대출로 받을 수 있다면 신용대출 부담도 덜고 리모델링 비용도 충당할 수 있었다. 은행 대출을 4500만 원 정도 받으면 총 6000만 원 정도로 해서 집값 4500만 원에 리모델링 비용과 세금까지 쓸 수 있을 것 같았다.

리모델링 비용을 인터넷으로 검색한 결과는 대략 다음과 같았다.

1. 화장실 보수 약 300만 원

2. 싱크대+거실 약 300만 원

3. 유리문+현관 150만 원(접이식 도어가 탐나긴 했다)

4. 방 트기+도배 100만 원

5. 지붕 300만 원

6. 기름보일러 150만 원

7. 기타(인부 인건비·식대 등)

리모델링 비용은 최대 1500만 원으로 예산을 잡았다. 내가 예상한 대로만 진행된다면 나는 정말 쓸 만한 시골집을 갖게 되는 셈이었다.

돌담과 아궁이가 있는 시골집. 잡지에서 본 것처럼 벽을 하늘색 페인트로 칠하고 거실에는 영화 〈건축학개론〉처럼 통창을 설치해야지. 별채와는 통로를 연결해 겨울에 찬바람 맞으며 나가지 않아도 되도록 하고, 여차하면 옥상도 올리고 싶었다.

'그래, 영화에서처럼 옥상에 잔디를 깔자. 친구들을 불러 맥주 파티도 하고.' 아, 상상만 해도 즐거웠다. 달걀 팔아서 소도 사겠다던 동화책 속의 아가씨마냥 내 꿈은 부풀었다.

이왕이면 가게도 차려볼까. 아궁이 가마솥에 멸치국수를 끓여서 파는 거다. 한 그릇에 1500원을 받을까. 아냐 가마솥은 작으니까 2000원 정도가 좋겠다. 그 멸치국수는 옥상에 파라솔을 펼쳐놓고 그곳에서 먹는 거다. 하얀 파라솔과 나무 벤치, 솔솔 부는 바닷바람을 맞으며 가마솥에서 남해 멸치로 우려낸 진국 멸치국수를 먹는다. 맥주 파티처럼 역시 상상만 해도 즐거웠다.

그럼 또 블로거들이 독일마을에서 멸치국수 한 입 하면서 막 사진을 올리는 거다. 국수 팔아서 번 돈으로 별채를 리모델링해서 민박도 운영하고. 가만, 할머니 멸치국수 끓일 줄 아나? 상상 속 풍선들이 피식피식 김이 빠지며 꺼지기 시작했다. 침대에서 혼자 미소를 지어댔는데 갑자기 현실로 돌아왔다.

3장

집과 관련된 서류 보는 법

부동산 거래에서
반드시 명심해야 할 점은
매매 시 확인이 필요한 서류들 중
한 장도 미심쩍은 게 있어서는
안 된다는 것이다.
제대로 된 부동산이라면
서류 열람이 안 될 수가 없다.

땅 주인과 건물 주인이 다르다고?

등기부등본은 사람으로 치면 주민등록등본 정도로 보면 된다. 주민등록등본을 떼면 살고 있는 동네가 어디인지, 언제 이사를 했는지가 나오는 것처럼 등기부등본은 이 부동산이 누구의 소유인지, 언제 팔렸는지 그 집에 대한 스토리가 나온다.

나는 부동산 중개업소에 또 전화를 걸었다. 사고 싶은 집의 번지수를 알려달라고 했다. 등기부등본과 각종 토지, 주택 관련 서류를 확인해 보기 위해서다.

집을 사려면 제일 먼저 그 집의 주인이 누구인지 알아야 한다. 대법원 인터넷등기소http://www.iros.go.kr/에 늘어가면 등기부등본을 열람, 발급받을 수 있다. 일단 열람을 해봤다. 지역과 번지수를 넣으니 토지등기와 건물등기가 각각 따로 나온다. 비용은 1000원이다.

이럴 수가. 예상치 못한 복병을 만났다. 내가 사고 싶은 집이 토지 주인 따로, 건물 주인 따로다. 그렇다면 나는 두 명의 매도인과 거래를 하게 되는 걸까. 나는 갑자기 불안해졌다. 잘못 샀다가 땅 주인이 건물을 헐라고 하면 어쩌나 걱정도 됐다. 아니면 건물 주인이 건물을 팔아버리면 내게는 덩그러니 땅만 남는 건가.

등기부등본을 오후 내내 읽고 또 읽었다. 토지 주인은 누굴까. 집은 아마도 자매간에 주고받은 모양이다. 구체적인 내용은 부동산 중개업소에 가서 물어보기로 했다. 남해에 가는 걸로 결정되면 반드시 확인하리라 마음먹었다.

알아보니 토지 주인과 건물 주인이 다른 경우 계약은 토지와 건물의 별도 계약서를 쓰거나 1개의 계약서에 토지와 건물 매매를 같이 쓰면 된다고 한다. 이때 건물 주인과 토지 주인의 도장과 인감증명이 있어야 한다.

가격도 토지, 건물 합쳐서 얼마 이렇게 계약서 1장에 쓰거나 아니면 별도로 분류해서 쓰면 된다. 단, 건축과 토지를 합한 가격이 통상 거래 가격보다 높으면 안 된다. 그리고 계약서상에 '1번지와 2번지 상에 있는 단독주택 거래임'이라고 명시하라고 한다.

세금 문제도 명확히 해야 한다. 토지 계약은 부가세가 없는데 건물은 10퍼센트 부가세가 붙는다. 이때 건물은 부가세 합친 가격이 거래 금액이 되도록 하는 편이 좋다. 이를테면 부가세 10퍼센트를 합쳐서 총 2억 원, 이런 식이다.

이왕 공부하는 것, 이렇게 나눠서 보유하면 1주택자, 2주택자, 이런 건 어찌 되는 것인지도 살펴봤다. 같이 살면 각각 주택 소유로 본다. 같이 안 살면 주택 소유자는 건물 소유자를 기준으로 한단다.

즉, 땅 주인보다 건물 주인이 1주택자로 분류되는 셈이다. 그나저나 내가 살 집은 어떻게 되는 거지?

등기부등본을 좀더 꼼꼼히 살펴봤다. 평소 덜렁대는 성격이라 서류 같은 건 대충 보는 편인데 목돈을 내려니 왠지 진지해진다. 서류 검토를 이렇게 열심히 하는 건 오랜만이다. 등기부 등본에 하나하나 동그라미를 쳐가며 추리하는 과정은 약간 재미도 있다.

등기사항전부증명서 (말소사항포함) - 건물.

[건물] 경상남도 남해군 삼동면 윤건리 ―

고유번호 00000D00

[표제부]　(건물의 표시)

표시번호	접수	소재지번 및 건물번호	건물 내역	등기원인 및 기타사항
1 (전1)	1952년 4월4일	경상남도 남해군 삼동면 윤건리 0002,0003	목조 기와지붕 평가건 보가 1동 - 건평 15평 목조 기와지붕 평가건 측가 1동 - 건평 11평 목조 기와지붕 평가건 곳간 1동 - 건평 8평	도면편철장 제4책 부동산등기법 제177조의 6 제1항제1 규정에 의하여 2002년 7월 16일 전산이기

[갑 구]　(소유권에 관한 사항)

순위번호	등기목적	접수	등기원인	권리자 및 기타사항
1 (전1)	소유권 보존	1952년 4월6일 제305호		소유자 박00 남해군 삼동면 윤건리 ―

열람 일시 : 2012. 0월 0일.　　1/2

등기사항전부증명서 (말소사항 포함) - 토지

[건물] 경상남도 남해군 삼동면 물건리 —

고유번호 00000D00

[표제부]   [토지의 표시]

표시번호	접수	소재지번	지목	면적	등기원인 및 기타사항
1 (전2)	1998년 1월 30일	경상남도 남해군 삼동면 물건리 —	대	218m²	부동산등기법 제177조의 6 제1항의 규정에 의하여 2002년 7월 16일 전산이기

[갑 구]   (소유권에 관한 사항)

순위번호	등기목적	접수	등기원인	권리자 및 기타사항
1 (전3)	소유권이전	1998년 2월 9일 제 1901호	1998년 1월 15일 매매	소유자 김영자 부동산등기법 제177조의 6 제1항의 규정에 의하여 2002년 7월 16일 전산이기
1-1	1번등기명의인 표시변경		2000년 1월 31일 전거	김영자의 주소 부산 2003년 6월 8일 부기
2		2003년 6월 5일 제 8976호	2003년 6월 4일 증여	소유자 김춘자 남해군 삼동면 물건리 —

열람 일시 : 2012. 0월 0일.   1/2

앞에서 말했지만 내가 사려고 마음먹은 집은 건물등기와 토지등기로 나뉘어 있었다. 토지등기는 김춘자 씨(매도인, 가명)로 돼 있는데 건물등기는 박몽돌 씨(가명)로 돼 있다.

일단 이 부동산의 모양새는 어떨까. 땅 넓이는 218제곱미터(65.9평)였다. 제곱미터로 돼 있는 건 3.3으로 나누면 평수를 계산할 수 있다.

등기부등본을 보니 번지수가 000-2, 000-3번지로 나뉘어 있다.

건물등기만 봐서는 본가 1동(목조 기와지붕, 15평), 주가 1동(목조 기와지붕 11평), 광 1동(목조 기와지붕, 8평)으로 돼 있다. 내가 살 집은 약 20평이니 본가를 제외하고 주가 1동과 광 1동인 셈이다. 그렇다면 이 집은 누군가 살던 큰 집을 나누어서 팔았다는 이야기다.

내게 집을 팔려고 하는 매도인 김춘자 씨는 주가 1동과 광 1동, 이에 딸린 토지를 사들인 것이다.

소유권 이전 부분을 봤다. 토지등기에 보니 원래 토지 소유자는 김명자(김춘자 씨와 자매로 추정, 가명) 씨다. 그녀는 부동산등기법 제177조의 6 제1항의 규정에 의하여 2002년 07월 16일 전산이기를 받았다. 전산이기. 이건 손글씨로 기록된 서류를 전산 작업해서 데이터화하는 것을 말한다.

소유권 이전등기 신청이 접수된 것은 지난 1998년 2월 9일. 매매는 1998년 1월 5일에 있었다. 김명자 씨는 부산에 살고 있었다. 그러다가 2003년 6월 4일에 김명자 씨는 김춘자 씨에게 이 토지를 증여했다. 소유권 이전이 일어났고 현재 소유자인 김춘자 씨가 집을 갖게 됐다.

그러니까 스토리를 요약해보면 이렇다. 박몽돌 씨가 6·25 전쟁 기간에 세 동으로 이뤄진 큰 집을 갖고 있었다. 전쟁이 끝난 후 나중에 본가를 뺀 나머지 별채와 광을 김명자 씨에게 팔았다. 부산에 살던 김명자씨가 물건리에 사는 김춘자 씨에게 자기가 구입한 집을 증여를 했다.

아무리 생각해도 쉽게 이해가 가지 않아 부동산 공인중개사에게 물어봤다.

"건물등기와 토지등기 주인이 엄연히 다른데 이건 어떻게 되는 건가요?"

그가 멈칫거리며 말했다.

"그게 사정이 좀 있더라고요. 저희가 확인해보고 알려드릴게요."

사정이 뭘까. 설마 사연이 있는 집인가?

이 집, 건축물대장이 없다고?

그런데 이 집, 건물등기는 있는데 건축물대장이 없다. 건축물대장이란 건물이 어떤 형태로 지어졌고 크기는 어떻고 등등 건물에 대한 설명이 들어간 서류다. 그러니까 그런 크기와 모양을 갖춘 건물이 실제로 있는지를 증명해주는 증명서다. 등기부등본이 주민등록등본 같은 거라면 건축물대장은 주민등록증 정도로 보면 될 듯하다. 물론 주민등록증처럼 증명사진은 없다.

건축물대장은 통상 주택을 건축하고 나서 건축사가 견적을 내서 확인을 받아 등록하도록 돼 있다고 한다. 비용이 약 100만 원 정도 소요되고 따로 신고도 해야 한다. 옛날 집들은 봉상 이런 게 잘 안 갖춰져 있다고 한다.

건물등기는 건물의 소유권을 명확히 하기 위한 서류다. 즉, 건축물대장이 있으면 이를 근거로 건물등기가 나오는 것이다. 그런데 종종 건축물대장은 없는데 건물등기가 있는 집들이 있다. 이는 행정상 오류가 있었거나 6·25 전쟁 기간에 지어진 오래된 집들의 경우 이런 절차가 명확히 이뤄지지 않았는데도 건물등기가 가능해서 그렇게 되었다고 한다.

이 집은 1952년 4월 4일에 건물에 대한 소유권 보존등기가 됐다. 6·25 전쟁 기간에 지어진 것이다. 온 나라가 난리를 겪는 와중에 소유권 등기가 이뤄졌기 때문에 별다른 매매 기록도 없었던 셈이다. 건축물대장이 없는 게 얼핏 이해는 된다.

그런데 무서운 대법원 판례가 하나 있었다. 2011년 11월 판례였다. 아직 건축물대장이 없는 건물에 대해서는 판결로 소유권 보존등기를 신청할 수 없다는 내용이었다. 그렇다면 건축물대장이 없는 이 건물에 대해 내가 소유권 보존등기를 신청할 수 없는 거다. 나는 한숨을 쉬었다.

좀더 살펴보기로 했다. 원래 건물등기가 돼 있는 박몽돌 씨는 주민등록번호가 없다. 건물 주인이 사망한 셈이다. 갈수록 태산이다. 건물등기를 이전받으려면 원래 소유자나 상속자로부터 허락을 받거나 위임장을 받아야 신청을 할 수 있다. 그런데 이분이 돌아가셨으니 최악의 경우에 나는 그분의 후손 아니 상속자를 찾아 부탁을 해야 할지도 모른다. 삼천리 방방곡곡을 찾아 헤매는 상황이 올 수도 있다는 것이었다.

더 나쁜 시나리오를 상상하자면 건물등기를 자연스럽게 상속받은 사람이 나타나지 않거나 나중에 나타나서 지상권(토지 위에 지어진 건물의 이용에 대한 권리)을 다른 사람에게 팔아버리는 경우다.

'아, 그건 절대 안 돼.'

나는 고개를 마구 흔들었다.

그렇다면 이 집을 사들인 김춘자 씨는 계약서에 분명히 주가 1동과 광 1동, 그리고 토지를 산 것으로 명기하고 계약을 했을 터인데, 건축물대장도 없고, 건물등기 주인도 사망해서 건물등기를 못한 건가.

사연은 이랬다. 박몽돌 씨로부터 김춘자 씨가 집을 샀다. 나중에 증여를 한 김춘자 씨와 김명자 씨는 자매다. 이들 셋은 친척인데 어떻게 하다 보니 이렇게 집을 나눠 갖게 됐다고 한다.

중간에 자매간에 증여가 되는 과정에서 행정상의 오류로 건축물대장이 누락됐다고 한다. 대장이 없으니 자연히 건물등기 이전이 안 된 것이다. 그래서 결국 건물 따로, 토지 따로 등기가 된 셈이다.

여기서 문제는 건축물대장인데 이를 받으려면 추가 비용이 든다. 게다가 건물등기 역시 확실해야 한다.

뭐든지 확실히 하고 싶어 나는 부동산 공인중개사에게 말했다.

"건물등기가 돼 있어야 할 것 같아요."

매도인 얼굴도 잘 모르는데 소유권을 확실히 증명할 서류까지 미비해서는 안 된다는 생각이 들었기 때문이다.

그러자 부동산 공인중개사가 친절하게 말해주었다.

"우리가 법무사 통해서 신청해 놓을게요. 군청에서 확인되는 대로 건축물대장이 나올 겁니다."

행정상의 오류인 만큼 그것만 바로잡으면 건물등기도 가능하다는 것이다. 서류 때문에 마음이 불안해져 나는 아버지가 부동산 공인중개사인 친구에게 전화를 했다. 복잡한 사연을 들려주고 친구 아버님과 통화를 했다.

"계약 시점에 등기나 소유권 문제를 확실히 해달라고 해. 건축물대장이 없으면 만들어달라고 하고. 서류가 미비해 계약이 깨질 경우 계약금을 돌려주거나 손해배상을 하도록 특약을 넣으면 돼."

베테랑 공인중개사인 친구 아버님 덕분에 명쾌하게 해결이 됐다.

공시지가는 이렇게 싼데?

건물등기 문제는 그럭저럭 해결될 것 같았는데 나는 또 다른 곳에서 경악을 금치 못했다. 내가 살 집의 공시지가를 확인하는 순간 그만 맥이 탁 풀리고 말았다. 혹, 바가지를 쓴 건가? 역시 세상은 호락호락하지 않아 하며 나는 혼자서 땅을 쳤다.

나는 공시지가는 옷가게의 정찰 가격 같은 건 줄 알았다. 그런데 알고 보니 그게 아니었다. 공시지가는 주택이나 토지에 대해 나라에서 정해준 기본 가격이라고 한다. 집값이나 땅값의 기본 가격에 입지, 주변 환경, 수요 공급의 균형 등 여러 가지 요인이 합쳐져서 전체 가격을 형성하는 셈이다.

인터넷 쇼핑몰에서 쇼핑을 하다 보면 아주 저렴한 기본 가격이 써 있고 내가 원하는 스타일로 옵션을 붙이면 가격이 조금씩 추가된다. 공시지가도 그런 것과 비슷한가 보다. 이건 그냥 나만의 생각.

공시지가는 법에 따라 국토해양부장관이 조사, 평가해 공시한 표준지의 단위면적당 가격을 말한다. 공시지가는 표준지공시지가와 개별공시지가가 있는데 보통은 표준지공시지가를 의미한다. 이 표준지공시지가를 참고로 지방자치단체에서 다른 땅의 가격을 정해놓은 것을 개별공시지가라고 한다.

내가 조회할 집은 전국 땅에서 표준으로 삼을 정도로 큰 곳이 아니기 때문에 개별공시지가로 조회했다. 공시지가는 나중에 내가 집을 사서 증여세나 상속세, 등록세, 취득세 등을 낼 경우 각종 부과금의 기준으로 쓰인다고 하니 기억해 둘 필요가 있다. 그러니까 공시지가가 중요한 이유는 적어도 구입하려는 땅의 기본적인 가격대를 파악할 수 있기 때문이다. 이 정도 가격은 확인하고 있어야 내가 살 집이 싼지 비싼지 알 수 있다는 이야기다.

인터넷에서 공시지가 조회를 검색했다. 부동산 공시가격 알리미 http://www.realtyprice.or.kr/가 나온다. 여기서 경남-종합정보 열람을 살펴봤다. 먼저 토지의 개별공시지가를 알아봤다. 번지수를 입력하고 찾은 물건리 집의 2011년 1월 기준 땅값은 제곱미터당 3만 3000원. 너무 쌌다. 계산기를 두드려 보니 719만 4000원이 나온다. 218제곱미터를 곱해서 얻은 값이다. 그러니까 내가 살 집의 땅값만 치면 대략 이 정도란 거다.

그런데 가격 추이를 잘 살펴보면 그다지 나쁘지만은 않다. 일단 2008년 금융위기 때 제곱미터당 1000원이 하락한 이후 다시 3년 연속 1000원씩 땅값이 상승했다. 1998년 우리나라 외환위기 때도 땅값은 제자리에 머물렀다. 금융시장이 뒤집혀도 크게 민감하게 반응하지 않은 셈이다. 뭔가 긍정적이다.

올해에도 공시지가 변동이 있었다. 공시지가는 매년 5월 31일자를 기준으로 공시된다고 한다.

신문과 방송마다 경상남도 거제시가 거가대교 건설로 인해 땅값이 23퍼센트나 올랐다고 대문짝만하게 났기에 옆에 붙은 남해도 효과가 있나 싶어 찾아봤다. 나는 눈이 휘둥그레졌다. 토지 개별공시지가가 제곱미터당 3만 9000원이 됐다. 전년대비 6000원이 오른 것이다. 별일이다. 218제곱미터를 적용하면 852만 2000원이다. 잠시나마 땅값 오른 소유주의 기쁨을 만끽했다.

그런데 이렇게 공시지가가 오르면 좋은 것일까. 일단 소유주 입장에서는 땅값이 오르는 셈이니 그만큼 자산 가치가 상승한다는 측면에서는 좋다. 하지만 반드시 장점만 있는 것은 아니라고 한다.

매매나 증여, 상속 등으로 소유권 이전을 하는 경우에는 세금도 더 많이 내야 하기 때문에 그다지 반가운 소식은 아니다. 도시의 경우 개발 계획 등으로 보상금이 나올 때 공시지가가 보상 기준이 되기 때문에 가격이 오르면 이점이 있으나 시골은 아무래도 해당사항이 없다. 괜히 좋아했네.

다음은 주택공시지가를 열람해 봤다. 참고로 건축물대장이 갖춰져 있지 않으면 이 자료는 열람이 안 된다. 이때는 그 지역의 비슷한 평수와 자재를 쓴 집을 검색해 가격을 보면 된다. 주택공시지가 검색은 표준단독주택이 아닌 개별단독주택 열람 서비스를 이용했다. 조회 기간을 2005년부터 2011년까지 설정하고 번지수를 입력하니 가격표가 쭉 나온다.

내가 사고 싶어 하는 집의 건물면적은 전체 땅 218제곱미터 중에서 79.22제곱미터다. 3.3으로 나눠서 평수를 계산하면 24평으로 산정된다. 개별주택가격은 613만 원이다. 조금 실망스러운 가격이다.

그러나 허름한 건물이지만 가격 흐름은 양호한 편이다. 지난 2007년에 가격이 11만 원 떨어진 이후 4년 연속 올랐다. 전년대비 인상폭도 2008년에 180만 원, 2009년은 없고, 2010년에는 260만 원, 2011년에는 70만 원 상승했다. 인상폭이 그리 크지는 않지만 리모델링을 한다면 가격 인상이 될 수 있을 것 같다.

두번째로 기준시가가 있다. 이것은 국세청http://www.nts.go.kr/cal/cal_01_01.asp에서 조회할 수 있는데 각종 세금을 낼 때 기준이 되는 것으로 땅과 건물을 포함해 전체 재산에 대해 감정한 가격이다. 아파트나 연립주택, 오피스텔, 골프회원권 등에 대한 기준시가가 분류돼 있는데 2005년 이전 고시분은 국세청 기준시가로, 2006년 이후 공동 주택에 대한 공시가격은 국토해양부의 공동주택 가격열람http://aao.kab.co.kr/aaofx/에서 볼 수 있다.

하지만 나는 방금 검색한 공시지가에서 주택가격을 따로 봤으므로 기준시가는 패스했다. 주목할 만한 부분은 이런 공시지가나 기준시가보다 실제 거래가격이 훨씬 높다는 사실이다.

특히 시골에 있는 땅이나 임야는 세금 때문에 공시지가가 낮게 책정돼 있다고 한다. 그래서 공시지가의 약 3~4배 정도를 시가로 보면 된다는데 이건 뭐 현장에서 그때그때 적용되는 듯해 정확한 비율은 알 수 없다. 반대로 도시에서는 토지개발보상금이 걸려 있어 보상금을 더 많이 받으려고 공시지가를 높게 책정한다고 한다. 그래서 개발계획이 잡혀 있는 곳은 공시지가보다 훨씬 많은 시가가 나오기도 한다고.

대부분 실거래 가격에 비해 이런 공시지가가 낮게 돼 있어 약 50~70퍼센트 정도 수준으로 보면 된다고 한다. 그렇게 되면 2011년 1월 기준 공시지가로 알아본 물건리 집의 총 가격은 1332만 4000원이다. 땅값 719만 4000원에 건물 값 613만 원을 더한 가격이다. 딱 그냥 이 가격에 사면 좋겠다는 마음이 굴뚝같지만 세상이 그리 녹록한 곳이 아니니까 어쩔 수 없다.

부동산 중개업소에 내놓은 가격이 4500만 원. 공시지가가 실거래 가격의 30퍼센트 수준밖에 안 되는 셈이다. 이는 공시가격보다 약 70퍼센트 가격이 얹혀 있음을 의미한다.

녹일마을과 방조림이 있는 물건리 집에 대한 수요와 바닷가까지 3분 거리인 입지적 조건, 실제 거주가 가능한 수준의 집 상태 등 이것저것이 고려돼 프리미엄이 붙은 것으로 판단된다. 이 프리미엄을 조금이나마 낮출 필요가 있겠다 싶어 약 4000만 원대 초반을 목표로 협상에 나서 보기로 했다.

지적도,
안 봐두면 집에 못 들어갈 수도 있다

또 하나 체크해야 할 서류가 지적도다. 이것은 땅 모양을 그림으로 그려놓은 것이다. 집이 어디에 어떤 모양으로 자리 잡고 있는지 공중에서 내려다본 모양이다. 따라서 땅의 경계선이 그려져 있고, 앞집 뒷집과의 배치나 모양도 다 나온다. 국토해양부나 민원24 등에서 열람이 가능한데 전자민원으로 열람하면 무료다.

지적도는 이런 모양으로 생겼다. 일단 물건리 집이 있는 곳은 가운데 동그라미가 있는 곳이다. 번지수는 삭제했다. 칸칸마다 번지수와 대, 전, 임 등이 표기돼 있다. 이는 대지, 전답, 임야를 줄여 그 땅의 사용 목적인 지목을 표시한 것이다. 물건리는 주택이 밀집된 농어촌 마을이기 때문에 그림에 나온 지적도에서는 주로 집터와 밭, 논, 산 등이 나온다.

평소 지도 보는 것을 진짜 싫어하지만 지적도는 이렇게 나와 있으니 '땅이 이런 모양이구나' 정도는 파악할 수 있게 됐다. 그런데 이 지적도는 참고자료일 뿐 100퍼센트 믿으면 안 된다고 한다. 실제 땅

의 위치나 경사도, 출입할 수 있는 통로 등은 제대로 안 나올 수도 있으니 유의해야 한다.

이를테면 이런 식이다. 지적도에서는 멀쩡한 땅인데 실제 가보면 형편없이 기울어져 있어 건물을 짓기가 힘들 수도 있다. 그래서 경사도까지 보려면 지형도도 챙겨 봐야 한다. 나는 등고선을 봐도 잘 모르겠던데, 아무튼 직접 가보지 않은 상태라면 꼭 확인해볼 만한 부분이다.

게다가 지적도는 문제가 없는데 실제로는 옆집이 우리 땅을 침범해서 건물을 지어놓는 경우도 생긴다고 한다. 이를 되찾으려면 해당

지역 군청이나 구청에 민원을 제기하고 철거 요청도 해야 해서 이웃 관계가 틀어질 수도 있는 만큼 꼼꼼히 봐야 한다.

이런 케이스도 있다. 실제로는 집뿐인 대지인데 지적도 한복판에 길이 나 있거나 개울이 있는 것이다. 이를테면 지적도 수정 없이 합의하에 땅 일부를 국유지로 내주고 국유지를 땅으로 편입시켜 지적도상으로는 땅 한복판에 국유지가 있다는 것이다. 이때는 정정을 요청해야 할 수도 있다. 그러니 지적도란 게 별것 아닌 것 같아 보여도 실제로는 그렇지 않은 모양이다.

황당한 경우는 남의 땅 사이에 내가 사들인 땅이 끼어 있는 때다. 이 경우 출입구를 확보하려면 남의 땅 일부를 써야 하는데 이것 역시 이웃 간에 분쟁의 소지가 생길 수 있다. 얼마 전에 텔레비전에서 앞집이 담을 설치해버려서 대문을 이용하지 못하는 경우가 나왔다. 이처럼 이런저런 분쟁이 발생할 수 있으니 조심 또 조심해야 한다.

그런데 이 지적도를 따로 떼어보는 일은 은근히 인내심이 필요하다. 나처럼 공문서 떼는 일에 서툰 유형들은 꽤 고전하니 참고하길 바란다.

나는 민원24 사이트에 들어갈 때마다 비밀번호를 까먹어서 계속 힌트를 풀어야 했다. "이건 그냥 바보 아냐?"란 말을 들을지도 모른다. 하지만 다들 말을 안 해서 그렇지 이런 허술한 유형들이 없을 리가 없다. 안타까워서 내가 미리 말하는 것이다. 나는 우여곡절 끝에 힌트를 풀고 지적도 열람에 성공했지만 프린터가 민원발급 불가라

또 한 차례 좌절을 맛봤다. 이래서 내가 공문서를 싫어한다.

다른 길도 있다. 국토해양부http://www.mltm.go.kr/network/cont/cont_a01. jsp 사이트에 들어가 9번, 부동산 지도를 조회하는 것이다. 온 나라 지도 프로그램을 깔고 여는데 시간이 좀 걸린다. 그런데 일단 지도를 열면 여러 정보가 주르륵 나온다. 우선 번지수와 지목, 동네 지도와 땅 모양 등이 나온다. 토지정보라고 해서 개별공시지가, 토지이용 규제 등에 대한 정보도 한꺼번에 뜬다. 이 지도만 잘 열면 팝업창에서 토지이용계획확인서, 토지건물 기본정보, 등기부등본 등을 편리하게 열람할 수 있다. 아주 편리하고 좋은 지도다.

이 모든 게 다 귀찮다면 그냥 토지이용규제 정보서비스http://luris. moct.go.kr/web/actreg/arservice/ArLandUsePrint.jsp에 들어가서 토지이용계획 을 열람하면 된다. 여기에도 땅 모양이 그려진 지적도 비슷한 그림이 나온다.

이런 공적인 업무는 항상 어렵다. 그래서 나는 토지이용규제 정보 서비스에서 간략하게 나오는 그림을 참고했다. 법적인 효력이 없다면 서류는 참고 자료일 뿐이기에. 역시 부동산은 발품이 최고라고 혼자 위안을 해본다.

모든 서류를 반드시 구비하라

부동산 거래에서 반드시 명심해야 할 점은 매매 시 확인이 필요한 서류들 중 한 장도 미심쩍은 게 있어서는 안 된다는 것이다. 제대로 된 부동산이라면 서류 열람이 안 될 수가 없다. 권리관계에 대한 확인, 또 확인만이 부동산 사기를 피해가는 지름길이다. 사람이 하는 일은 모르니까 말이다.

아무리 공문서에 취약한 인간형이라고 해도 이런 확인까지 허술하게 하면 안 된다. 조금 번거롭다. 열람과 발급에 1000원 정도의 소액 결제를 해야 하더라도 귀찮다. 하지만 아깝다 생각 말고 적극적으로 해야 한다.

주변에 부동산 관련 지식이 풍부한 사람들에게 조언을 구하는 것도 좋다. 아무리 사소한 지식이라도 노하우라는 것은 무시 못 한다. 나는 부동산 공인중개사를 하시는 친구 아버님께 조언을 구했다. 부족한 서류를 확인하고 그냥 집주인이나 공인중개사에게 요청만 하고 끝내면 안 된다. 확인 또 확인할 것.

그 내용을 세 가지로 나누어 정리해보았다.

1. 체크할 서류 목록과 내역을 정리하라

첫 번째 할 일은 체크해야 할 서류 목록을 작성하는 것이다. 우선 사고 싶은 부동산이 생겼다면 이들 부동산의 번지수를 제일 먼저 확보해야 한다. 그리고 서류 확인에 들어간다. 기본적으로 봐야 할 서류는 등기부등본, 건축물대장, 지적도다.

우선 등기부등본은 토지와 건물 등기를 한꺼번에 떼어봐야 한다. 열람이나 발급받을 때 무조건 과거 이력이 다 나오는 것을 선택하도록 한다. 누구의 소유인지 주민등록번호를 확인하는 것도 잊지 말아야 한다. 등기부등본을 확인해두면 나중에 매도인의 주민등록등본을 확인할 때나 등본상의 내용을 공인중개사에게 문의할 때도 도움이 된다.

등기부등본은 최소 두 차례는 확인해야 한다. 처음에는 부동산에 대한 정보와 주인이 누구인지 확인할 때이고, 두 번째는 잔금을 지급하기 직선이다.

두 번째 확인은 왜 꼭 해야 할까? 계약서를 쓰고 잔금을 지급하기 전까지 부동산이 안전하게 유지됐는지 여부를 확인하기 위해서다. 즉, 그 짧은 기간 동안 집주인이 은행에서 부동산을 담보로 대출을 받아 근저당이 설정되지는 않았는지, 경매에 넘어가지는 않았는지 꼼꼼히 봐야 한다. 조금이라도 껄끄러운 문제가 있었다면 반드시 확인하고 넘어가야 한다. 잔금을 넘겨주기 전에 반드시 확인이 돼야 한다.

건축물대장도 챙겨서 봐둬야 한다. 건축물대장에서 봐야 할 부분은 이 건축물이 불법으로 지어진 것은 아닌지, 실제로 가서 본 건물과 같은 내용인지 여부다. 소유자 현황도 체크한다. 또 층수는 맞는지, 지붕 재료와 주 용도는 주택인지, 주 구조는 목조인지 철골구조인지 최대한 깐깐하게 봐야 한다.

지적도는 앞서 설명한 대로 땅 모양과 위치는 맞는지, 앞뒷집과 어떻게 닿아 있는지, 국유지는 어떻게 되는지 등을 봐야 한다.

서류를 볼 때는 덜렁대면 안 된다. 눈을 크게 뜨고 볼펜으로 하나하나 동그라미를 쳐가며 최대한 정확하게 확인해야 한다.

2. 공인중개사에게 확인을 요청하라

만약 서류에 조금이라도 부족하거나 껄끄러운 부분이 있다면 공인중개사에게 확인을 요청해야 한다.

물건리 집의 경우 처음에는 공인중개사가 건축물대장이 없는지 몰랐다. 나중에 확인을 요청하고 나서 챙겨 줬었다. 실제로 권리관계가 분명한 부동산도 서류상으로는 조금씩 빠져 있기도 하니 분명히 해둘 필요가 있다.

3. 서류 보완을 특약으로 명시하라

부족한 서류 보완을 계약서에 특약으로 명시하는 것도 중요하다. 이건 공인중개사 하시는 친구 아버님이 알려주신 내용인데 도움이 많이 됐다. 집주인이 어설프게 집을 팔지 못하도록 보완 장치를 하는 셈이다.

이를테면 계약서 특약에 "매도인은 잔금 지급일까지 건축물대장을 근거로 건물등기를 완료하여 이전하도록 한다"라고 써놓는 것이다. 그래야 나중에 서류가 제대로 보완이 안 되거나 문제가 생겨도 계약금을 돌려받을 수 있다. 문구는 공인중개사에게 부탁하면 알아서 해준다.

시골에는 빈집이 꽤 있다

지방에는 집주인이 도시로 떠나거나, 고령으로 사망하면서 빈집이 된 곳도 많다. 부동산 사이트를 둘러봐도 딱히 마음에 드는 물건이 없다면 빈집 정도를 참고하는 것도 도움이 된다.

빈집 정보는 지역 군청이나 한국자산관리공사의 온비드http://www.onbid.co.kr를 활용하면 된다. 대지나 건물의 평수는 물론 소유자 연락처, 소재지, 지번까지 모두 주인의 허락을 얻어 공개되기 때문에 투명하게 거래할 수 있다는 점이 가장 큰 장점이다. 매매, 임대 모두 가능하기 때문에 바로바로 비교가 가능하다. 군청 담당자에게 문의할 수 있게 돼 있어 꽤 편리하다.

빈집은 주인이 살지 않기 때문에 임대에도 유리하다. 전월세 비용이 싸기 때문에 협상을 잘 하면 집을 관리하는 조건으로 무료로 임대해 주기도 한다. 다만 리모델링 비용이 추가로 드는 점은 고려해야 한다. 사람이 살지 않는 빈집은 아무리 깨끗하게 보존돼 있다고 하더라도 이래저래 고쳐 써야 하는 경우가 많이 생긴다.

아울러 빈집의 내력에 대해서도 동네 사람들에게 탐문해볼 필요가 있다. 이런 것을 소홀히 했다가 패가망신한 집에 들어가거나 흉가를 덜컥 사들일 필요는 없으니까 말이다.

남해군청http://www.namhae.go.kr 사이트에서도 빈집 정보를 열람할 수 있다. 사진도 나와 있고 집주인 연락처도 명기돼 있다. 집주인에게 직접 문의하는 것도 가능하다.

전입 시 주택수리비 지원도 된다. 타 시군구에서 군내로 전입 후 빈집을 매입, 임대해 수선 또는 철거한 세대는 농어촌 주택개량 촉진법에 의거해 동당 120만 원이 지원된다. 담당은 생태도시과 환경건축팀이다. 읍면 배당 물량이 제한되기 때문에 선착순이 중요하다.

그러나 빈집 정보 역시 현장 답사가 필수다. 특히 부동산에 대해 잘 모르는 상태로 개인 간에 부동산 거래를 할 경우에는 조심해야 한다. 지역 군청에서 올려놓은 정보라고 해서 덥석 믿어서는 안 된다. 매도자 신분 확인과 주요 서류 확인은 필수다. 불안하다면 공인중개사를 통해 거래하는 편이 안전하다고 봐야 한다.

잘 챙긴 정보는 돈이다

시골집을 구입할 때 본인이 직접 들어가서 살 예정이라면 지원금이 쏠쏠하게 나온다. 도시로 빠져나가는 인구가 많은 지방에서는 전입 세대에 대한 혜택이 많다. 하지만 대부분 연초에 지원금 신청이 마무리되기 때문에 타이밍을 잘 맞춰야 한다. 즉, 줄을 잘 서야 하는 셈이다. 미리 군청에 문의를 해놓고 지원 신청을 서두르는 편이 좋다.

남해군청의 경우에도 다양한 혜택을 준다. 전입 세대 지원과 창업농 지원으로 나뉘는데 항목별로 살펴볼 필요가 있다. 자세히 보면 이런 것까지 지원되나 싶은 지원 항목도 많다. 자동차 번호판이나 주차장 이용권, 쓰레기봉투까지 지원 대상이다. 남해안의 주요 유적지, 관광지 팸투어와 출산장려금도 지원된다. 챙겨 두면 살림에 보탬이 되는 셈이다. 지방자치단체들은 전입세대에 대해 '대환영'하는 입장이다.

전입 후 농사까지 짓겠다고 하면 지자체 지원은 더 늘어난다. 안 그래도 농사짓는 인구가 날이 갈수록 줄어드는데 농촌에 정착하겠다고 하면 그만큼 대접을 받는다. 군청은 2000만 원 범위 내에서 농어촌진흥기금 융자를 알선해준다. 타 시군구에 주소를 두고 있다가 군내로 영농 정착을 위해 전입한 세대로 농지를 1000제곱미터 이상 소유하고 경작하거나 3년 이상 임대계약을 체결하여 경작하는 사람을 대상으로 한다. 그리고 각종 영농 자재 역시 한 농가당 20만 원 범위 내에서 현물로 지원한다. 그야말로 농사짓겠다고 하면 호미, 괭이도 다 사주는 셈이다.

나는 이 집에 대해 지붕 개량 지원을 문의했다. 그런데 군청 직원은 "지붕이 함석입니까? 슬레이트만 지원되는데"라고 말했다. 슬레이트 지붕은 석면이 함유돼 있기 때문에 폐기할 때 비용이 약 200만 원 정도 든다고 한다. 지자체에서는 이 비용을 보전해주는 셈이다. 그런데 함석지붕은 해당이 안 된다고 한다. 어쨌든 내년 초에 문의해보라고 하니 다이어리에 일단 체크. 기억해두자. 함석지붕은 안 되고 슬레이트 지붕은 된다.

뭐든지 정리만 잘 해도 실패할 확률은 적어지는 법, 우리가 반드시 봐야 할 서류와 관련기관, 그 인터넷 주소를 표로 정리해본다(100쪽 참조).

주요 서류를 열람할 수 있는 사이트

내용	열람 기관	인터넷 주소
등기부등본, 건축물대장	대법원 인터넷 등기소	http://www.iros.go.kr/
공시지가	부동산공시가격 알리미	http://www.realtyprice.or.kr/
기준시가	국세청	http://www.nts.go.kr/ cal/cal_01_01.asp
지적도	국토해양부	http://www.mltm.go.kr/ network/cont/cont_a01.jsp
토지이용계획	토지이용규제 정보서비스	http://luris.moct.go.kr/web/ actreg/arservice/ArLandUsePrint.jsp
빈집 정보 지역 군-구청	온비드	http://www.onbid.co.kr
전입세대 지원혜택 등	남해군청	http://www.namhaego.kr/ 04welfare/03_01.asp

4장

은행과
친해져라

현지 사정을 잘 아는
은행을 선택하는 것은
매우 중요하다.
우선 내가 구입하고자 하는
시골집이 어느 동네에 있으며
어느 정도의 가치가 있는 집인지에
대한 분석 능력이 좋다.

은 행 직 원 과 주 택 구 입 을 상 담 하 라

집을 살 돈이 턱없이 부족하다고? 그러면 은행과 친해지면 된다. 그곳의 주요 업무는 바로 돈을 빌려주는 것이니까. 은행은 좋은 점이 많지만 무엇보다 상담료가 공짜다. 게다가 실내는 쾌적하고 은행 직원들은 친절하다. 그들은 전문 지식을 꾸준히 공부하고 주변에서 듣는 금융정보도 많다.

은행 직원에게 금융과 관련된 질문을 한다면 한 가지쯤은 답을 얻을 수 있다. 직원 본인이 모르면 적어도 주변에 있는 상사에게 물어봐 주기도 하니 주저하지 말고 은행과 친해져야 한다. 은행을 자주 들락거리다 보면 꽤 유용한 조언들을 얻을 수 있다.

처음 시골집을 사기로 마음먹었을 때 나는 대출을 알아보기 위해 은행에 갔었다. 은행 직원은 내가 뭐부터 시작해야 하는지를 알려줬다. 나는 그것을 쪽지에 적어두었다. 얼마 뒤 나는 다시 은행을 찾아야 했다. 주택 구입 자금을 구체적으로 어떻게 마련해야 하는지를 알아야 했기 때문이었다. 나는 처음 갔을 때처럼 덤벙거리지 않고 이번에는 신분증도 챙기고 나름 생각도 좀 하고 갔다.

창구로 가 은행 직원에게 말했다.

"시골집을 사려는데 대출이 필요해요. 리모델링 비용까지 포함해서요. 제가 사고 싶은 집의 가격은 대략 4500만 원이에요. 리모델링 비용까지 합치면 돈이 조금 더 든다고 해요."

은행 직원이 말했다.

"제가 한도를 알아봐 드리겠습니다. 그런데 주택담보대출의 경우 한도가 많이 안 나올 수 있습니다. 고객님의 경우 아무래도 신용대출이나 마이너스통장을 추가해야 할 듯합니다."

그런데 여기서 한 가지 난관에 부딪쳤다. 이직 때문이었다. 지난해 8월에 이직을 하는 바람에 현재 회사에서 근무한 지 1년이 안 된 것이다. 1년 이상 근무한 직장인에게 주어지는 혜택이 없다고 했다. 이직하면서 일주일밖에 안 쉬었는데. 이럴 줄 알았으면 더 놀 걸 그랬다.

원천소득영수증을 근거로 새 회사에서 근무한 기간의 연봉만을 기준으로 대출 한도를 책정하니 1000만 원 안팎에 그쳤다. 그런데 리모델링을 해야 하기 때문에 비용이 너무 빠듯하면 안 된다.

한도, 한도가 문제다.

주거래 은행이 유리하다

이직에 따른 대출 한도의 충격을 말끔히 해소해준 건 주거래 은행이었다. 나는 기자가 된 후 지금까지 꾸준히 한 은행만 거래를 해왔다. 월급 계좌도 첫 회사부터 꼬박꼬박 이체해왔고 예적금, 펀드 가입도 대부분 이 은행을 이용하는 편이다. 물론 저축 상품들은 만기가 되거나 해지해서 지금은 그냥 기록만 남아 있지만 말이다.

나는 회사에서 받은 원천소득영수증과 재직증명서를 들고 은행 지점을 찾았다. 앞서 한자례 상담을 받으면서 주택담보대출은 현지 은행을 활용하는 편이 금리 면에서도 유리하고 진행도 빠르다고 들은 바 있다.

"저번에도 상담하러 왔는데요. 시골집을 사고 싶은데 돈이 3000만 원 정도 필요해요."

"시골집이요? 담보대출을 받고 싶으신 건가요?"

"아뇨. 담보대출은 현지에서 하는 게 낫다고 해서 신용대출을 받으려고 해요."

"한도를 검색해봐 드릴게요. 재직 기간이 1년이 안 되셨네요. 금리 할인이 쉽지 않을 텐데요."

금리 할인이 쉽지 않다는 말이 이상하게 가슴을 파고든다. 오래된 연인에게 이별 통보를 받는 기분이 이럴까 싶다. 마침 주택담보대출도 별로 한도가 높지 않을 거라고 해서 좌절한 상태였는데 신용대출까지 안 나오면 그 집은 영영 안녕이다.

"이직했지만 쉬는 기간이 일주일밖에 안 됐고 월급도 매월 빠짐없이 이체가 됐어요."

고민하던 은행 직원이 반색을 한다.

"아, 급여 이체요? 잠시만요. 연환산이 되나 한번 볼게요."

연환산! 조회를 해보던 은행 직원이 어쩌면 가능할 수 있을 거라며 대출상담신청서를 써보란다. 연환산이라는 게 있는데 그걸로 한도를 낼 수가 있다고 한다. 내가 그동안 벌어들인 돈이 얼마인지 급여 이체를 통해 집계할 수 있기 때문에 그걸로 대출 한도를 측정할 수 있다는 것이다.

한 줄기 희망이 보인다. 신청서를 써내고 서류를 맡기고 왔다. 은행 직원이 아침에 연락을 주겠다고 한다. 나는 명함을 들고 왔다. 내일 아침에 한도가 된다는 연락이 온다면 나는 주말에 500만 원의 계약금을 들고 남해에 갈 예정이다. 그리고 계약서를 쓸 예정이다. 어떻게 될까. 불안하고 궁금했다.

전결금리를 공략하라

은행에는 전결금리라는 게 있다. 지점장이 재량권 내에서 금리를 낮춰주거나 최대한 이자를 싸게 해서 대출을 받을 수 있도록 도와주는 것이다.

앞에서도 말했지만 은행과 친해지면 여러모로 유리하다. 그런데 안타깝게도 금융권에서 6년 동안 기자로 일했지만 이 주거래 은행에만 딱 아는 사람이 없었다. 별 수 없이 선배 기자를 동원해 소개를 받았다. 민폐인 건 알지만 금리를 조금이나마 아껴야 하니까. 일단 대출 상담을 받기는 했으나 금리를 최대한 낮출 방법을 연구해야 했다.

선배가 소개해준 은행 직원에게 연락을 했다.

"이런 부탁드리게 돼서 송구스럽지만, 감사합니다. 아직 금리는 정하지 않았고 한도를 확인하는 중이에요."

"연환산을 해보고 최대한 맞춰보겠습니다. 혜택을 드릴 수 있는지 알아보겠습니다."

은행 직원의 대답은 시원시원했다. 그러고는 곧이어 상담 직원의 이름을 내게 알려주었다. 내 마음이 조금 놓였다. 잠시 뒤 기다리던 전화가 왔다.

"대출 결재를 올렸는데 한도만큼 될 듯해요."

원하는 한도만큼 대출이 가능할 것 같다는 말에 나는 안심했다. 만에 하나 집을 못 사게 되더라도 슬퍼하지 말자 생각하던 참이었다.

금리 수준은 꽤 높았다. 한 달에 이자 비용만 20만 원 가까이 된다. 카드로 현금서비스를 몇 번 받아썼는데 그것 때문에 신용등급이 낮아졌다고 했다. 카드 현금서비스. 꼬박꼬박 갚아서 연체된 금액도 없기 때문에 별것 아닌 줄 알았는데 그게 아니었다.

3000만 원을 빌리는 데도 이 정도나 높은 이자가 나오는데 억대 주택담보대출을 받는 사람들은 도대체 얼마나 많은 이자를 내는 걸까. 하우스푸어들은 월 100만 원 이상을 이자로 낸다더니 대출이란 참 무서운 것이다.

마이너스통장과 신용대출 중에 어떤 걸 받고 싶으냐고 직원이 물었다. 항상 이런 식의 질문에는 답을 잘 못하겠다. 두 개 중에 선택하는 것이 제일 어렵다.

"어떻게 다른 거예요?"

마이너스통장은 3000만 원 한도로 받아놓고 쓴 만큼만 이자를 내면 된다. 그 대신 이자율이 일반 신용대출에 비해 비싸다. 반면에 일반 신용대출은 3000만 원을 그냥 입금 받는 대신 이자 비용이 좀 낮아진다.

여기서 주의할 점이 있다. 금융감독원에 따르면 마이너스통장의 경우 마이너스 상태가 계속 유지되면 대출금의 이자가 다시 대출원금에 포함돼 다음 달부터 이자가 부과되므로 복리로 이자를 내는 효과가 있다. 일정 한도 내에서 쉽게 돈을 빌리고 갚을 수 있어 편리하기는 하나 추가 가산 금리도 붙는다. 따라서 일정 기간 동안 자금이 필요해 대출을 받는다면 마이너스통장보다는 일단 신용대출이 유리하다.

나는 어차피 집값으로 비용을 다 소진하게 될 것이다. 게다가 뭔가 돈을 갖다 쓸 수 있는 주머니를 마련해 두는 것은 왠지 찜찜하다. 이러나저러나 결국은 '남의 돈' 아닌가.

선배가 소개해준 은행 팀장님 덕분에 직원은 이자율을 약 0.5퍼센트 포인트 할인해줬다. 그래도 높다고 하자 그럼 다른 상품들을 조합해서 0.2퍼센트 포인트 더 줄일 수 있는 방법을 찾아보겠다고 한다. 이 직원, 왠지 엘리트 직원 같다. 야호.

그럼 금액 차이가 어떻게 되느냐. 이자율이 0.2퍼센트 포인트만 치이기 니도 첫 달에 입금하는 원리금에서 1만 원 성노가 줄어든다. 그깟 만 원 한 장이 대수냐고 생각할 수 있다. 하지만 매월 납입해야 하는 1만 원이 몇 달간 이어지면 결코 적지 않다. 이자 협상만 조금 적극적으로 해도 한 달에 스타벅스 커피 두 잔은 톡톡히 나오는 셈이다. 물론 이제 나는 별다방 커피는 못 마시겠지? 흑.

"원리금을 나눠서 조금씩 갚아 나갈 수 있게 해주세요."

이유는 간단했다. 빚 얻어 쓰는 것도 습관이라고, 나는 이번 한 번만 딱 대출을 받고 끝내고 싶었다. 3년 안에 모든 빚을 갚고 싶었다. 허리띠를 바짝 졸라매면 가능할 것 같았다. 빚이 없어야 빨리 결혼도 할 수 있지 않을까? 뭔가 마음이 비장해졌다.

그런데 정말 슬픈 건 바로 이거다. 난 내가 생각했던 것보다 훨씬 가난했다.

주택금융공사 보금자리론

지하철역을 지나가다가 주택금융공사 보금자리론 광고를 봤다. 금리가 4퍼센트대다. 나는 눈이 번쩍 뜨였다. 생애 처음으로 주택을 구입하거나 1주택자에게 해당된다고 했다. 나. 나. 나. 생애 첫 주택 구입자다!

다음 날 아침부터 주택금융공사에 전화를 했다. 주택금융공사 홈페이지http://www.hf.go.kr/hindex.html에서 보금자리론 상담 페이지를 찾았다. 기본형 보금자리론의 조건을 살펴봤다.

신청 대상을 보면 대출 신청일 현재 만 20세 이상, 무주택자 또는 주택 취득 30년 이내인 1주택자, 취득 후 30년 이내에 대출을 상환하려는 1주택자다. 딱 나다.

대출금리도 대출 실행일부터 만기까지 고정금리. 담보주택 소재지와 가격에 따라 부가금리 적용. 친환경주택은 부가금리 면제. 나는 고개를 끄덕끄덕했다.

대상 주택은 공부상(등기부등본) 주택, 단 9억 원 초과 고가 주택 제외. 암암. 물건리 집은 4500만 원인걸.

제일 중요한 대출 한도. 주택담보가치의 최대 70퍼센트, 최소 100만 원에서 최대 5억 원. 바로 이거다.

나는 주택금융공사에 주택을 담보로 약 3000만 원을 빌릴 수 있는지 문의하기로 했다. 그러나 저 모든 조건이 다 맞아떨어졌지만 예상치 못한 걸림돌이 있었다.

상담원과 연결이 됐다. 보금자리론은 왠지 신혼부부들만 될 것 같아 미혼도 대출이 되는지부터 물었다. 된다고 한다.

"아파트는 아니고 시골에 집을 사려는데요. 혹시 대출이 가능할까요?"

"시골에요? 어디쯤에요?"

상담원이 의아하다는 말투로 묻는다. 남해라고 하자 잠시 머뭇하더니 답변이 돌아온다.

"대출은 가능할 것 같아요. 일단 집값의 약 70퍼센트 정도인데 사려는 집의 공시지가가 어느 정도 되는지 확인도 해봐야 하고요."

"집값이 4500만 원이래요. 3000만 원 정도 대출을 받으려고 해요."

"그래도 직원이 가서 확인을 해봐야 하거든요. 그리고 일단 3000만 원 정도 받는다 쳐도 방 한 개는 공제를 하기 때문에 약 1500만 원 정도 가능하겠네요. 그보다 덜 나올 수도 있구요."

앗. 공제라니. 전체 금액을 대출해주는 것이 아니라 지역 소도시는 방 한 개에 1400만 원 정도 공제한다고 한다. 그게 보금자리론의 원칙이라고 한다.

이런 말은 상품 안내에는 없었는데 그런 원칙이 있다고 한다. 다른 사람들은 다 상식적으로 알고 있는 건가. 나만 모르는 건가. 나는 좌절했다. 자칫 주택금융공사 대출이 1500만 원이 안 되면 자금 조달에 차질이 생길 수밖에 없다.

결국 은행에서 신용대출을 하기로 하고, 나머지 돈은 남해에 있는 현지 은행에서 조달하기로 했다. 보금자리론은 내가 결혼을 하면 좀 도움이 되려나.

현지에 있는 은행을 찾아가라

시골집을 매입할 때 주택담보대출에 가장 유리한 은행은 현지 사정을 잘 아는 중소형 은행이다.

시골의 작은 마을에는 서울에 있는 대형 은행들이 입점돼 있지 않은 경우가 많다. 그렇기 때문에 시골에도 많은 지점을 갖추고 있는 농협, 수협, 축협, 신협 등의 중소형 은행이 대형 은행보다 현지 사정을 더 잘 알고 있다.

현지 사정을 잘 아는 은행을 선택하는 것은 매우 중요하다. 우선 내가 구입하고자 하는 시골집이 어느 동네에 있으며 어느 정도의 가치가 있는 집인지에 대한 분석 능력이 좋다. 좁은 지역에서 동네 사람들을 고객으로 오랫동안 영업을 해왔기 때문이다.

심지어 누구네 집을 샀는지 훤히 아는 경우도 있다. 사고 싶은 집에 대한 추가 정보는 물론이고 그 정도 집값이면 어느 정도인지도 꿰뚫고 있다. 만약 은행 직원이 그 동네 출신이라면 매도인의 신분은 물론 성향까지 고스란히 파악할 수 있다.

나도 이번 거래에 현지의 지역 은행을 이용했다. 이곳은 동네 사람들 다섯 명 중 한 명은 이 은행 통장이 있을 것이라고 예측할 만한 곳이다. 물건리와 제일 가까운 은행이기 때문이다.

　은행 문을 열고 들어서자 직원은 달랑 두 명. 대출 업무를 맡은 직원은 벌써 서류를 모두 준비해 뒀다. 소파로 자리를 옮겨 금리 수준과 중도상환 수수료 등에 대한 안내를 듣고 서류에 사인을 했다. 부동산 잔금 지급일을 알려주면 그 날짜에 맞춰 입금을 해주겠다고 한다. 무엇보다 편리한 점은 대리인과 계약을 하게 된 상황에서 은행 직원이 대리인의 신분 확인을 확실히 해줬다는 것이다.

　일이 마무리 될 즈음 은행 직원이 내게 이런 말을 했다.

　"사실 뭐 부동산 사기. 그게 잘못해서 당하는 게 아니고 그냥 믿어서 그런 거예요. 대리인이 진짜 맞는지, 주인이 팔 생각이 있는 건지 알아봐야죠. 집주인 전화번호 알아요?"

　나는 그러고 보니 아무것도 제대로 아는 게 없었다. 공인중개사가 있으니까 잘 해주려니 하고 생각했을 뿐이다.

　내가 멈칫히자, 은행 직원이 계속해서 말했다.

　"부동산 계약 시에는 모든 것을 꼼꼼하고 정확하게 확인해야 합니다. 본인 눈으로 확인하지 않고 공인중개사나 매도인 대리인 말만 듣고 거래하다간 큰일 나요."

　정신이 번뜩 들었다. 나는 동네 사람이니 당연히 믿고 거래해도 될 것이라 여겼는데 역시 2퍼센트 부족했다.

내가 계속 자신 없는 표정을 짓자, 은행 직원이 걱정을 했다.

"매도인의 대리인에 대한 신분 확인이 정확히 돼야 할 듯합니다."

대출이 무산되는 건가 가슴을 졸이고 있던 순간, 갑자기 창구에 있던 다른 직원이 말했다.

"아, 이 집 파는 분? 우리 삼촌이야. 믿고 거래해도 돼."

나를 비롯해서 은행 직원, 같이 동행해준 부동산 공인중개사까지 모두 웃음을 터뜨렸다. 이런 것이 현지 은행의 매력 아닐까.

물론 주택담보대출 금액은 크지 않았다. 워낙 깐깐하게 집 상태며 재료까지 따지는 통에 걱정도 됐다. 그러나 한 다리 건너면 다 엮이는 좁은 동네에서 이보다 더 확실한 신분 보장은 없지 싶다. 은행 직원은 매도인 대리인은 물론 실제 집주인과도 친척이었다.

은행 직원의 마지막 한마디가 내 마음을 안정시켰다.

"괜찮아. 그 집 팔 거라고 하더라. 계약해도 돼."

그렇게 해서 주택담보대출이 무사히 끝나고 나는 자금 조달에 성공했다. 이자율도 조금 깎아줬다.

물론 현지 은행도 모든 것이 다 좋지만은 않다. 자금 조달이 끝났다고 해서 단점을 말하는 것은 아니지만, 일단 1금융권이 시골 구석구석까지 진출해 있지는 않기 때문에 2금융권을 이용하게 될 가능성이 있다.

그리고 이번에 대출을 받으면서 느낀 건데 대출 계약서나 구체적인 이자 지급 등에 대해 정확하게 설명을 안 해줘서 일일이 문의해야 했다. 대출 이자 지급일이나 전체 금액 등을 은행 직원보다 더 깐깐하게 따져야 한다. 그럼에도 좋은 점은 적극적으로 협의하면 지역 은행들도 이자율을 조정해준다는 것이다.

다시 말하지만 은행과 대출 금리를 협상할 때는 일단 이자를 낮게 적용받고 싶다고 말을 해야 한다. 말을 하지 않는데 은행 직원이 독심술로 고객님의 마음을 읽고 알아서 이자를 깎아주지는 않는다. 진심으로 이자를 낮추고 싶다고 말을 해야 한다.

상환 계획표를 짜라

　화장은 할 때보다 지울 때가 중요하다는 광고처럼 대출도 마찬가지다. 대출도 받을 때보다 갚아 나갈 때가 중요하다. 언제까지나 빚에 묶여 은행의 노예로 살 수는 없다. 대출금을 어느 정도의 기간 동안 얼마나 성실하게 갚을지 구체적인 계획을 세워야 한다. 바로 상환 계획표 세우기다.

　가장 일차적으로 해야 할 일은 내 소득을 고려해 한 달에 갚을 수 있는 금액을 정하는 것이다. 나는 한 달에 원리금 합쳐서 100만 원으로 정했다. 월급에서 매달 100만 원씩 빠지는 셈이다. 이는 월세나 생활비를 쓰는데 지장이 없고 허리띠를 바짝 졸라매면 영화 정도는 볼 수 있는 수준의 생활을 영위할 수 있다. 그동안 저축을 별로 하지 못했으니 대출금 상환만은 엄격해야 한다고 나는 나름 기준을 정했다.

　그다음으로 할 것은 언제까지 빚을 모두 청산할지 기간을 정하는 일이다. 나는 내 나이를 기준으로 만 35세까지 대출을 모두 상환하기로 마음먹었다. 향후 3년이다.

마지막으로는 앞의 두 가지 결과를 바탕으로 대출을 받은 은행으로부터 분할 상환금액 시산표를 받는 것이다. 분할 상환금액 시산표란 내가 대출금을 상환하는 동안 매달 입금할 원금과 이자, 총액이 일목요연하게 정리돼 있는 표다.

평소 덜렁대고 잘 까먹는 나 같은 경우 상환 계획은 상당히 중요했다. 자칫 시간 가는 줄도 모르고 멍하게 있다가 이자 지급일을 놓치면 안 되기 때문이다. 내가 못 챙기면 적어도 누군가에게 챙겨 달라고 부탁하는 편이 낫다.

어쨌든 상환 계획표를 짰다면 벽에 붙이든지, 수첩에 기록하든지 해야 한다. 종종 자고 일어나면 두뇌가 포맷되기도 하는 나는 두 가지 다 했다.

그러나 아직 한 가지 해결하지 못한 문제가 있다. 두 은행의 이자 지급일이 다 달라서 좀 골치 아프게 됐다. 이왕이면 월급날에 다 맞춰서 꼬박꼬박 나가게끔 하고 싶었으나 아직 날짜가 여기저기 흩어져 있다. 수첩에 표시는 해뒀지만 한 달 내내 자금 흐름을 감시해야 하는 건 피곤한 일이다.

이렇게 된 이유는 은행 대출을 실행한 날짜가 달랐기 때문이다. 이자 지급일은 통상 은행대출금 지급 일자를 기준으로 한다. 따라서 대출 실행이 다른 날짜에 되면 나처럼 이자 지급일이 뿔뿔이 흩어진 상태가 된다.

그리고 주의할 점이 또 있다. 바로 자동 이체다. 통상 이자는 대출 실행한 계좌에서 이체되게끔 해주는데 이 자동 이체일을 잘 생각하고 있어야 한다. 출금 당일 잔고가 모자라지 않도록 꼭 챙겨 놔야 한다. 요즘은 1원 모자란다고 자동 이체가 안 되는 불편은 개선됐다.

은행 직원에게 문자메시지 안내를 꼭 해달라고 요청해 두는 것도 좋은 방법이다. 그러나 무엇보다도 기억할 자신이 없을 때는 적는 게 최고다.

대출 상환 계획표 짜기는 돈을 빌리는 것만큼이나 중요한 과정이다. 나는 수첩에 앞으로 들어올 목돈을 죄다 적어놨다. 그리고 중도 상환 수수료를 내더라도 최대한 빠른 속도로 원금을 줄여 나가기로 했다. 중도상환 이자는 약 1.5퍼센트 수준이다.

5장

드디어
집주인이 되다

내 생애 첫 집이 생겼다.
내 이름으로 등기부등본이 생겼다.
그 후 며칠 동안 나는
등기부등본을 침대 머리맡에 두고
자기 전에 매일 봤다.
코팅이라도 할 기세다.

살 집을 직접 가보다

집을 보러 가기 위해 주말에 부랴부랴 오후 버스를 타고 남해에 갔다. 밤늦게 도착했는데 할머니는 집을 사주겠다고 하니까 반색을 하다가 난데없이 윗집 이야기를 꺼낸다.

"집을 내놨다더라. 건물도 번듯하니 좋고, 살기가 좋을 것 같다."

"그래요? 얼만데요?"

"8000만 원인가, 7000만 원인가?"

나는 진심으로 화가 날 뻔했다. 집을 사주겠다고 하니까 돈이 충분한 줄 알았나 보다. 할머니한테 그 집은 못 산다고 단호하게 말했다. 이미 처음에 집을 사겠다는 생각을 했을 때 약 3000만 원 정도로 잡았던 예산이 두 배로 커진 상태다. 그런데 8000만 원? 무리다.

나는 할머니에게 그 집에 대한 기대는 안 하는 게 좋겠다고 했다. 그러자 할머니는 "집 필요 없다"고 역정을 내며 돌아앉는다. 그래도 어쩔 수 없다. 그 8000만 원짜리 집에 리모델링 비용과 세금을 얹으면 나는 1억 원에 육박하는 대출금을 보유한 하우스푸어가 된다. 서운해도 할 수 없다. 싱글녀에게 하우스푸어는 너무 가혹하지 않은가.

다음 날 아침 일찍 산책을 나섰다. 사진으로만 보던 집을 찾아보기로 했다. 봄날이라 바람이 한결 부드럽다. 아침 해가 중천에 떴고 길가에 풀들이 밤새 찌그러져 있다 펴진 듯 싱싱하다. 타박타박 조용히 시골길을 걷는 기분. 참 느긋하고 좋다.

그런데 그 집은 사진만 보고 짐작했던 자리에 없는 것 같았다. 교회 위치와 돌담을 떠올리며 대충 예상했는데, 아무래도 뭔가 잘못된 것 같았다. 나는 자리를 옮겨 교회를 기점으로 위쪽을 두루두루 살펴봤다.

어릴 적 오랫동안 살았던 동네지만 지금 보니 낯선 골목이 많다. 낮은 돌담이 늘어선 좁은 골목은 귀엽고 신비롭다. 제철이 다해 떨어진 빨간 동백꽃들이 곱게 쌓였다.

날씨가 풀린 것을 어떻게 알았는지 아기 담쟁이넝쿨도 돌담에 벌써 자리를 잡고 있다. 노란 나비도 한군데 붙지 않고 여기저기 날아다닌다. 나는 잠시 낯선 관광객처럼 돌담길을 헤맸다. 레전드 님에게 화상통화로 돌담길을 보여주기도 하면서 한참 거닐었다.

지나가던 한 할머니가 "어디 온 아가씬가?" 하고 묻는다. 나는 윗마을에 왔는데 잠시 산책 나왔다고 말했다. 할머니가 고개를 끄덕이시고는 지나간다.

이곳에 집을 사면 저 할머니는 이웃 할머니가 되겠구나. 돌담길을 걸으니 흥얼흥얼 콧노래가 나온다. 오랜 세월 수없이 오가는 발길에

다져진 좁은 흙길 양옆에 풀들이 나 있다. 어릴 적 생각에 잠시 마음이 푸근해졌다.

주변 집들도 많이 변했다. 시골집들은 어느새 예쁜 별장이 된 곳이 많다. 대문이나 차고를 단단하게 갖춘 집들이 줄줄이 자리를 잡고 있다. 멀리 바다가 보이지 않는다면 도시의 어느 부유한 동네 골목에 온 듯하다. 아이들이 깔깔대며 웃는 소리도 이따금 들려온다.

부동산 중개업소에 전화를 했다. 근처인 것 같은데 집을 못 찾겠다고 했다. 10분 내로 부동산 중개업소에서 사람이 왔다. 매일 통화만 하다가 처음 인사를 했다. 순한 첫인상에 믿음이 가는 부부 공인중개사였다. 나와 통화를 여러 차례 했던 쪽은 부인 공인중개사였다. 인사를 나누고 집으로 향했는데 불과 몇 발짝 떨어져 있지 않은 곳에 집이 있었다.

초록 대문과 연두색 지붕이 인상적이다. 지금 보니 사진과 같은데 대문 위치가 예상과 달라 못 찾은 모양이다. 집 내부는 사진과 별 차이가 없었다. 광 건물은 생각보다 컸다.

마당이 넓고 텃밭과 돌담이 아담하게 갖춰져 있다. 작은방 옆에 아궁이도 그대로 있다. 방 두 개가 나란히 있어 작다는 인상을 받았는데 마루 앞까지 방을 넓히면 아담하지만 제법 살기에 쾌적할 듯했다. 부엌은 좁았다. 뒤편으로 조그만 세면장과 보일러실이 있었다.

광 건물은 외양간과 재래식 화장실, 조그만 방으로 구성돼 있었다. 수돗가에서 여름에 발을 씻으면 시원하고 좋을 것 같다. 특히 마음에 드는 점은 돌담 너머로 바다가 조금이나마 보인다는 점이다. 마당 한쪽에 있는 텃밭에서 채소를 일구다가 허리를 펴면 멀리 보이는 숲이 피곤을 풀어줄 것이다.

전반적으로 네모반듯한 땅으로 넓어 보이는 집이었다. 다만, 동향이라 그런지 집이 밝다는 느낌은 덜했다.

공인중개사는 재래식 화장실을 현대식으로 개조하는데 약 500만 원 정도가 들 거라고 했다. 으헉. 비싸다. 그는 또 광 건물은 개조하면 일부를 헐어 차고로 써도 될 것이라고 말했다. 그렇게 하면 입구도 넓어지고 차를 타고 와도 주차 걱정할 필요가 없다고 했다.

나는 전화로 물었던 토지와 건물 등기가 다른 점에 대해 다시 질문했다. 그러자 그 부분은 확인하고 알려주겠단다. 그래서 나는 이 건은 부동산을 하시는 친구 아버지께서 일러주신 방법을 쓰기로 했다.

'등기 부분은 전체가 다 마무리된 다음에 깔끔하게 넘겨달라고 할 것. 계약금을 걸 때 등기 미완료 시 계약금 반환 및 손해배상을 특약으로 넣을 것.'

서두를 것 없지. 허둥지둥해서 잘 풀리는 일은 없잖아! 나는 마음속으로 이렇게 다지며 느긋한 태도를 유지하려고 노력했다.

집의 첫인상은 90점 이상이었다. 양지바른 마을 한복판에 있는 집인데다 모양도 반듯하니 썩 마음에 들었다. 부동산은 발품을 잘 팔아야 한다는데 이미 후보지에서 물건리 집이 거의 확정되면서 발품을 팔기 위한 시간이 확 줄었다.

집에 돌아와 할머니께 말씀드리니 "누구네 집인데?" 하신다. 나한 테 집을 팔려는 것 보면 사기가 틀림없다고 할머니는 불신감을 드러 냈다. 내가 평소에 좀 허술하고 모자라 보이지만 절대 그렇지 않다고 반박했다.

"괜히 자손들 안 풀리는 이상한 집이나 나쁜 놈 집 사지 말고."

할머니는 이렇게 못 박으며 돌아섰지만 중얼거리는 소리도 다 들 린다.

"도대체 누구 집을 사려고 이러는 기고."

서울에 와서 나는 부동산 중개업소에 전화해 계약을 하고 싶다고 말했다. 대신 등기가 제대로 보완돼 있지 않은데다 리모델링 비용도 드는 만큼 가격을 좀 깎아달라고 했다. 공인중개사는 약 200만 원 정도 가격을 낮췄다. 나는 더 협상도 안 하고 바로 수긍했다. 너무 단순한가. 그렇게 집값은 4300만 원이 됐다.

집 계약, 준비할 서류가 이렇게 많아?

부동산 계약을 하기 위해 필요한 기본 서류는 총 네 가지였다. 주민등록등본 2통, 인감증명서 2통, 주민등록초본 1통, 재산세 납입증명서였다. 여기에 인감도장은 필수다.

그런데 나는 아무래도 공문서와는 별로 안 맞는 것 같다. 직장인이 이런 서류들을 완벽하게 갖추려면 각고의 노력이 필요하다. 왜냐하면 민원24 사이트에서 결제를 하고 전산으로 발급받고 끝나는 경우가 아주 드물다. 나만 그런지도 모르겠는데 항상 예상치 못한 복병이 등장하기 때문이다.

나는 우선 민원24 사이트에서 주민등록등본 2통과 초본 2통을 발급받았다. 문제는 인감증명서였다. 이 서류를 위해 종로에 있는 우리 회사로 들어가는 길에 종로구청에 들렀다. 다음 날 남해로 아침 일찍 떠나야 하니 만반의 준비를 갖춰야 했다. 그런데 구청 직원이 충격적인 말을 했다. 인감 등록이 안 돼 있다는 것이다.

"스무 살 이후 한 번도 인감증명서를 떼보신 적이 없으세요?"

그렇게 말하며 직원은 도리어 나를 이상하게 쳐다봤다. 나는 제대로 대답하지 못하며 말끝을 흐렸다. 진짜 스무 살이 된 후 10년이 넘는 시간 동안 나는 인감증명서를 쓴 적이 없다. 기억이 나지를 않는다. 인감증명서. 참 익숙한 서류 이름인데 그건 어떻게 생긴 걸까. 생각해보니 나는 인감증명서라는 것을 본 적이 없다.

이번에는 재산세 납입증명서 차례다. 구청 직원에게 물으니 그건 또 별관으로 가서 처리해야 한단다. 별관으로 가니 인지만 팔고 다시 다른 창구로 가라고 했다. 나는 구청이 문을 닫을까 봐 종종걸음을 쳤다.

그런데 잠깐. 나는 재산이 없는데 재산세를 낸 적이 있나 하는 생각이 들었다. 가끔 적금 붓고 펀드 가입한 것도 재산에 들어가는지 알 수가 없었다. 재산세가 뭐지. 지방세법상 재산세의 납세의무자는 '과세 기준일(매년 6월 1일) 현재 재산을 사실상 소유하고 있는 자'다. 나는 재산이 있는 건가.

참 알다가도 모르겠다. 도대체 세상 사람들은 어떻게 살아가는 걸까. 이런 것들을 다들 알고 지내는 건가. 나만 모르는 건가.

"재산세 납입증명서를 떼야 하는데요. 저는 재산이 없는데 어떻게 해야 해요?"

직원은 흔쾌히 서류를 떼어준다. 지방세 미과세 증명서다. 말 그대로 재산이 없으니 세금이 부과된 적이 없다는 증명을 하는 것이다. 의외로 간편하다.

문제는 인감증명서다. 구청 직원 말에 의하면 인감 등록이 안 된 사람은 주소지 동사무소에 가서 인감도장을 등록해야 한다. 내일 아침 9시 버스로 출발하려고 했는데 계획을 전면 수정해야 할 형편이다. 그다음으로 가장 이른 버스는 10시 10분. 나는 빡빡한 하루 시간표를 짰다.

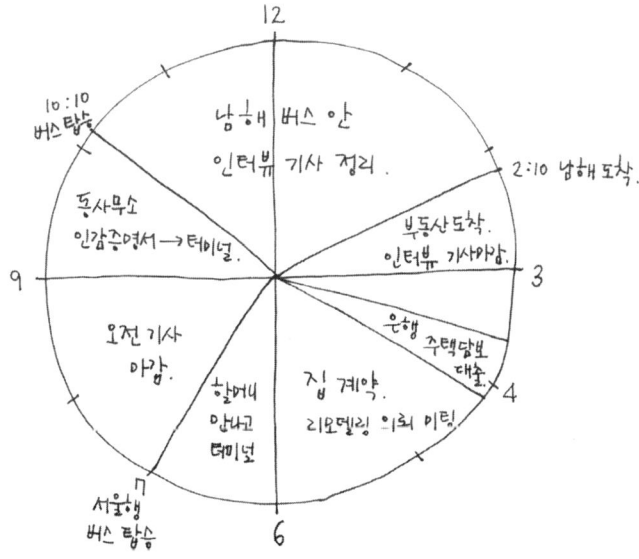

오전 9시에 서교동 동사무소 문이 열리자마자 후다닥 뛰어 들어가 인감등록을 하고 인감증명서를 2통 발급받는다. 그리고 택시로 서초동 남부터미널까지 가서 10시 10분 버스를 탄다. 터미널까지 이동 시간은 최대 40분. 그렇다면 동사무소 업무는 30분까지는 마쳐야 한다.

계약일 당일 아침. 나는 9시 10분에 동사무소에 도착했다. 걸어가는 시간을 줄이려고 택시를 탔다가 택시기사가 너무 가까운 거리라 오히려 미안해했다. 서두르지 말자. 침착하게.

　인감등록은 그리 어려운 일은 아니었다. 종이에 지문을 찍고 도장을 주고 나니 번쩍번쩍한 리본 모양 도장이 찍힌 인감증명서가 나왔다. 의외로 빨리 끝나서 나는 30분에 택시를 탈 수 있었다. 운이 좋았는지 길도 별로 안 막혀서 정확히 10시에 남부터미널에 도착했다. 10시 10분. 나는 남해로 가는 버스 안에 있었다. 주민등록등본, 초본, 인감증명서, 재산세 납입증명서, 인감도장. 모든 게 완벽했다.

남해는 일일생활권

우리 부장님이 늘 하시는 말씀이 있다.

"남해 사람은 고춧가루 서 말 묵고 바닷길 천리를 간다."

남해 사람들은 너무 악착같아서 고춧가루만 먹고도 괴력을 발휘한다는 이야기다. 출입처 사람들과 회식을 하면 나를 소개할 때마다 위와 같이 설명해서 나는 어쨌든 '고춧가루 서 말만 먹어도 악착같이 살아남는' 무서운 집념을 가진 기자가 됐다. 그러니까 자동차로 치면 기름을 얼마 안 먹고도 잘 달리는 차. 그런 건가.

나는 평소 무슨 일이든 덜렁대고 귀찮으면 얼른 포기하는 성격이다. 그래서 부장 말씀은 나랑 맞지 않는다고 매일 부정해 왔었다. 그런데 계약서를 쓰기 위해 남해로 향한 날, 나는 '빵 한 개 먹고 문 앞에서 문 앞까지 일곱 시간을 하루 만에 주파하는 괴력을 발휘하는 여자'가 됐다. 고춧가루만 안 먹었다 뿐이지 정말 나도 놀랐다. 나는 끈기와 집념, 무서운 목표의식을 가진 여자였다. 나란 여자. 후훗.

그날 하루는 어마어마했다. 남해는 일일생활권이라는 것을 몸소

체험했다. 나는 마치 쏘닉이 된 기분이었다. 뭐든 초고속으로 해결하는 만화주인공 '쏘닉'이라고 하면 알려나 모르겠다. 아, 쏘닉. 어디 갔지.

이야기가 옆길로 빠졌는데 아무튼 집 계약서를 쓰던 그날은 금요일이었다. 나는 계약서 작성을 위해 급하게 하루 휴가를 냈다. 그날의 목표는 하루 만에 남해에 다녀오는 것이었다. 수차례 남해를 다녀왔지만 평일에 다녀오는 것은 처음이었다. 다시 생각해봐도 파란만장한 하루였다.

모든 업무를 마무리하고 밤에 서울로 복귀하기 위해 주어진 시간은 오전 9시부터 오후 12시. 총 열다섯 시간이다. 앞서 말한 대로 오전 9시부터 10시 10분까지 동사무소 업무와 버스 탑승을 마쳤다. 그것으로 쉴 수 있게 된 것은 아니었다. 갑자기 휴가를 내는 바람에 당일 나가기로 예정돼 있던 기사는 모두 마감해야 하는 상황이었다.

버스에서 30분 정도 눈을 붙인 후 나는 기사 작성에 돌입했다. 이미 아침 8시까지 기사 하나를 마감하느라 아침 7시부터 깨어 있었던 탓인지 피로가 몰려왔다. 무거운 눈꺼풀을 들어가며 남해까지 이동하는 다섯 시간 내내 업무에 집중했다. 그런데 기사를 마감하려는 찰나에 노트북 배터리가 간당간당했다. 10분 차이로 나는 기사 송고 시점을 놓쳤다. 나보다 노트북 컴퓨터가 참지 못하고 잠들어버렸다.

다행히 버스는 예상 도착 시간보다 30분 이상 일찍 도착했다. 평일이라 도로가 한산했던 모양이었다. 오후 2시 10분. 남해터미널에 도착했다. 바로 택시를 타고 부동산 중개업소로 향했다. 내가 예상보다 빨리 등장하자 공인중개사 부부는 깜짝 놀랐다. 일단 그곳에 자리를 잡고 급한 기사를 먼저 마감했다. 인터넷 사정과 인터뷰 관련 홍보실과의 업무로 일은 3시 30분이 돼서야 마무리됐다.

은행이 끝나기 전에 서둘러 달려갔다. 다행히 은행 지점은 부동산 중개업소 바로 옆이었다. 은행 직원은 주택담보대출 서류를 준비해놓고 기다리고 있었다.

4시 30분. 부동산 중개업소로 돌아와 계약서를 작성했다. 공인중개사가 매도인 대리인을 차로 모셔왔다. 어르신이었다. 부동산 계약할 때는 대리인을 잘 확인해야 한다는데……. 물건리에 20년을 살았지만 얼굴을 모르는 할아버지다. 순간 긴장됐다.

나는 그러고 보니 아무것도 제대로 아는 게 없었다. 그러나 다행히도 매도인 대리인이 은행 여직원 친척이라는 말을 믿고 계약을 하게 됐다.

공인중개사가 서류들을 착착 분류했다. 나, 공인중개사, 매도인 대리인이 나눠가질 수 있도록 계약서를 비롯한 각종 서류를 나눴다. 나는 계약서와 매매물건 설명서, 지적도, 건축물대장(등기는 아직 안 된 상태), 부동산 공제증서 등을 받았다. 특히 부동산 공제증서는 꼭 기간을 확인해야 한다. 그 기간 내에 이뤄진 계약에 문제가 생기면 보상을 해주는 것이다.

인감도장을 건네자 서류 이곳저곳에 도장을 찍어대기 시작했다.

"도장 찍는 거 무섭죠?"

여러 장의 계약서에 인감도장을 찍고 또 찍는 걸 보는 내 표정이 얼빠져 보였나 보다. 처음 집을 사는 사람은 열이면 열, 그런 표정을 짓는다고 한다. 다들 웃음을 짓는다. 계약금 500만 원을 입금했다. 특약 조건으로는 네 가지를 넣었다.

1. 잔금 지급일 전까지 모든 공과금 납부를 완료한다.
2. 잔금 지급일 전까지 건축물대장을 근거로 건물등기를 완료해 이전하도록 한다.
3. 현재 세입자에 대해서 잔금 지급일까지 집을 비우도록 한다.
4. 매수인이 잔금 지급일 전에 리모델링 공사를 할 수 있도록 한다.

특약을 이행하지 않아 계약이 깨지게 되면 과실이 있는 쪽은 계약금을 반환해야 하는 것이다. 리모델링 비용은 어떻게 되나 나중에서야 궁금해졌지만 일단 이때는 이 정도였다.

그런데 이 어르신께서 이것저것 캐묻기 시작한다. 이 동네 출신이라고 하니 궁금증을 참지 못하셨다. 학교도 여기서 다녔냐(예). 어떤 할머니냐(우리 할머니). 내가 모르는 할머니냐(글쎄요). 이상하다. 윗마을에 그런 할매가 없는데(있는데요). 이런 식의 문답이 오갔다.

할머니, 아버지 함자까지 대고 나서도 할아버지는 감을 못 잡으셨는지 무척 궁금하신 눈치다. 서울에서 여자가 내려와서 집을 사들였으니 물음표 100개가 표정에 다닥다닥 붙어 있다. 집을 산 나도 얼떨떨한데 집을 판 할아버지도 같이 얼떨떨해하시니 적절히 대응할 방법이 없다.

막간을 이용해 공인중개사 부부와 다시 새집을 보러 가기로 했다. 마침 건축 디자이너가 집 근처에서 공사를 하고 있어 집도 볼 겸 리모델링 의뢰도 하기로 했다. 그런데 우리 할머니가 지금 살고 있는 집을 지날 때쯤, 대리인 할아버지가 내리겠다고 한다. 나중에 알게 된 사실이지만 그 할아버지가 차에서 내린 순간부터 내가 집을 샀다는 소문은 온 동네로 퍼져나갔다. 못 내리게 할 걸.

리모델링을 하는 건축사무소 관계자는 부산에서 온 디자이너 부부였다(황봉학, 권기남 부부 디자이너는 둘 다 조경을 전공한 리모델링 전문가들이다). 공인중개사 부부에 좋은 느낌을 받은 나는 이쪽도 부부라는 사실이 마음에 들었다. 현재 공사하고 있는 주택을 보니 오손도손 설계도 같이 하고 공사도 같이 하는 모습이 보기 좋았다. 부산에서 백화점 인테리어를 하던 분들이라고 했다.

예산이 1000만 원이 채 안 된다고 하자 디자이너들은 깜짝 놀랐다. 이것저것 리모델링하고 싶은 곳에 대해 이야기해 보더니 추진하자고 했다. 일단 해보자는 것이다. 물론 나는 추가 비용을 댈 여력이 현저히 부족하다고 했다. 마음은 이층집도 벌써 올렸지만 현실은 냉혹하니까. 그렇게 리모델링 논의를 마쳤다.

다시 본 집은 나쁘지 않았다. 살다 보면 정이 들 것만 같은 아늑한 모양이었다. 화장실도 재래식에 허름한 건물이었으나 대지가 네모반 듯하고 집 모양도 깔끔했다. 돌담과 아궁이, 창호지문도 마음에 들었다.

오후 5시. 할머니를 잠시 뵈려고 집에 왔더니 벌써 난리가 났다. 아까 계약서를 쓴 대리인 할아버지가 다 이야기해 버려서 이미 사람들은 내가 집을 샀다는 사실에 놀라워하고 있었다. 앞집 아주머니와 아저씨가 오셔서 내 손을 꼭 잡고는 "대단하다"를 연발했다. 이것이 나중에 스트레스가 될 줄은 꿈에도 몰랐다.

할머니는 "너한테 집을 팔 정도면 그 집터가 영 안 좋은 거지" 하시며 못마땅한 표정으로 고개를 저었다. 그래도 고맙다고 말하는 표정을 보니 뿌듯하시긴 한 모양이다.

공인중개사 부부가 차로 남해터미널까지 데려다줬다. 덕분에 7시에 맞춰 서울행 버스를 탔다. 밤 12시쯤. 남부터미널에 도착했을 때나는 거의 선 채로 녹아내리는 기분이었다. 한 사건이 끝난 게 아니라 시작되는 느낌. 극도로 무거운 뭔가가 어깨로 내려앉은 듯했다.

제대로 계약한 거 맞아요?

"대리인 얼굴 보셨어요?"

"네."

"누군지 정확히 확인했어요?"

"맞는 것 같은데."

"정확히 그 사람 맞대요? 어떻게 확인했어요?"

"그냥 자기 이름이 그거라고."

"그걸 어떻게 믿어요? 매도인과는 어떤 관계래요?"

"친척이라고."

"친척? 무슨 친척이래요?"

"사촌인가? 조카인가? 삼촌 같기도 하고."

어느새 나는 은행 직원의 질문에 공황 상태로 빠져들었다. 이건 실제 대화 내용이다. 이걸 읽고 나보고 바보라고 하는 사람이 있겠지만 사실 현실에 맞닥뜨리면 대부분 비슷한 반응을 보일 것이라고 나는 믿는다.

왜냐. 사람이라는 게 주민등록증 보여주고 본인 이름이 그렇다고 하면 막 의심하면서 물어보기 어렵지 않은가. 이렇게 말이다.

"정말 당신이 본인 맞나요?"

그리고 주민등록증에 있는 사진 말이다. 실물이랑 똑같이 나오는 경우는 흔하지 않다. 굴욕 사진 아니면 포토샵 사진으로 나와서 "누구신지" 하는 경우도 많다.

또 계약 당사자를 만나서 꼬치꼬치 "주소 외워보세요. 전화번호는요?" 하면서 스무고개를 할 수도 없는 노릇이다. 반대로 내가 누구인지 증명하기도 어렵지 않은가. 신분증을 보여주고, 얼굴도 보여줬는데 상대방이 '믿을 수 없다'는 표정을 지으면 아마 황당할 것이다.

부동산 전문가들은 본인 확인은 기본 중의 기본이라고 강조한다. 사기를 치자고 들면 주민등록증까지 위조하는 게 사람이다. 그런 만큼 대리인과 계약할 때는 위임장, 위임용 인감증명서, 주민등록등본을 반드시 확인하는 것이 좋다. 그래도 부동산 왕초보들이 대놓고 매도인에게 "신분을 증명하라"고 요구하기는 쉽지 않다.

그럴 때는 기본에 가장 충실한 것이 좋다. 가능하다면 소유자 본인과 계약할 것. 등기부등본상에 기록된 소유자의 온라인 계좌로 계약금을 송금할 것. 자신이 없다면 공인중개사를 통해 거래를 하는 편이 나을 수도 있다.

잔금 지급일 D-10,
특약 이행을 꼼꼼히 확인하라

계약서를 쓴 날부터 나의 생활은 잔금 지급일(5월 10일)을 기준으로 돌아갔다. 은행에 대출 실행을 요청하고는 얼마나 돈이 들어가야 하는지 매일매일 계산기를 두드렸다.

우선 토지와 건물 등기를 바로잡기 위해서는 건축물대장이 제대로 등록이 돼야 한다. 그리고 잔금 지급일 이전에 미리 리모델링 공사를 할 수 있도록 대리인 할아버지와 특약을 맺어놓은 상태였다. 건축 디자이너와 공사 계획을 짜고 공사 일정에 돌입해야 했다.

끝으로 이 모든 일정이 순탄하게 돌아가도록 자금 계획을 확실하게 짜놓아야 한다. 언제 얼마를 지급하고 얼마가 들어오는지 세내로 파악하고 있어야 한다.

나는 계약금 500만 원짜리 계약서 한 장을 매일 밤 보면서 어쩔 줄 몰라 했다. 아마 누가 보면 무슨 대형 인수합병(M&A) 딜이라도 따낸 줄 알 것이다. 외환기사를 쓸 때는 1억 달러, 10억 달러도 예사로 쓰는데. 역시 내 주머니의 돈이 들어가니까 상황이 다르다.

이 계약이 까딱해서 틀어지면 나는 어떻게 되는 걸까. 일단 은행 대출금은 중도상환이 되니 약 1.5퍼센트의 중도상환 이자를 물게 된다. 중도상환 수수료는 은행이 대출 만기까지 대출을 해주고 어느 정도의 이자 수익을 기대하게 되는데 이걸 중간에 상환하게 되면 그 이익이 줄어드니까 부과하는 벌금성 수수료다. 리모델링 비용도 걱정이다. 일단 대출금에서 지출했으니 벌어서 갚아야 한다. 빚은 남는 셈이다.

그리고 할머니 문제는 다시 원점으로 돌아간다. 여차하면 서울로 모시든지 남해에 있는 다른 집을 알아봐야 한다. 지금까지 고생한 내용을 다시 반복해야 한다고 생각이 미치는 순간 나는 갑자기 결의에 찼다. 무슨 일이 있더라도 계약을 성사시켜야 한다.

4월 말쯤 되자 슬슬 걱정이 밀려오기 시작했다. 한 며칠 공인중개사로부터 전화가 없었던 터라 건축물대장 등록이 안 되는 거 아닌가 하는 생각에 다다르자 불안했다. 걱정하고 있는 찰나에 마침 전화가 울렸다.

"이게 행정적 실수 때문에 건축물대장이 없었던 거라네요. 곧 등록될 겁니다."

공인중개사가 법무사에 의뢰했더니 공공기관에서 기재가 잘못된 경우였다고 한다. 이를테면 100-3번지인데 100번지에 통째로 들어가 있는 식이다. 그러나 새로 등록할 건축물대장은 다시 만들어야 한다고 했다. 시일이 좀 걸린다고 했다.

며칠 후 다시 전화가 왔다.

"건축물대장은 다음 주에 등록된다고 합니다."

아닌 게 아니라 며칠 후 인터넷으로 검색을 해보니 올라와 있었다. 다행이다. 이제 남은 절차는 건물등기와 토지등기를 바로잡는 일이다. 이 역시 시간이 걸렸다.

그런데 건축물대장에 광 건물이 등록이 안 돼 있었다. 공인중개사는 광 건물은 불법 건축물일 가능성이 커서 등록이 안 됐다고 했다. 이럴 때는 어떻게 해야 하나. 이미 계약된 집값을 깎을 수도 없고 억지로 해달라고 할 수도 없는 어정쩡한 상황이다.

그렇다고 딱히 생각나는 해결 방법도 없고 어차피 광 건물은 있는 거니까. 그렇게 생각하며 잠시 잊기로 했다.

어쨌든 특약 2항은 이행이 임박한 듯하다.

잔금 지급일 D-1,
등기부등본을 한 번 더 체크하라

잔금 지급일이 하루 앞으로 다가오자 나는 별것 아닌 일에도 마음을 졸였다. 혹시 보이스피싱을 당하면 어쩌지?

"고객님이십네까? 신용카드에서 1000만 원이 결제됐습네다. 만약 본인 계좌에 당장 은행을 입금하지 않으시면 큰일 납니다."

이런 문법에도 안 맞는 말로 계좌 이체를 하게 만들까 봐 조마조마했다. 아니면 밤사이에 은행 전산 오류가 나면 어쩌지. 걱정이 태산같이 커졌다.

그러던 중 올 것이 왔다. 부동산 중개업소에서 내게 전화를 걸고는 이렇게 말했다.

"광 건물이 건축물대장이 안 나와서 주택담보대출 한도가 줄었다는데, 혹시 지금 600만 원 정도 구할 순 없을까요."

주택담보대출을 해주기로 하고 대출 서류를 작성했던 지역 은행에서 건축물대장을 보더니 대출 금액을 줄이겠다고 했단다. 잔금 지급일을 하루 남기고 이 무슨 청천벽력 같은 말인가. 말도 안 되는 일이었다. 하룻밤 새 어디서 600만 원을 구할 수 있냐고.

나는 허술한 이미지를 유지해서는 안 된다는 생각이 들었다. 변신하자. 깐깐하고 완벽한 매수자로서 마지막까지 조목조목 따지는 것만이 지금 할 수 있는 유일한 대안이었다.

"잔금 지급일이 내일인데 갑자기 대출 금액을 줄이겠다니요. 만약 그래서 계약이 안 되면 은행에서 잘못 감정한 책임을 져야 할 거예요."

이런 이유로 계약이 무산된다면 지금까지 감정을 잘못하고 대출 계약서를 작성한 은행에 반드시 책임을 물어야 할 거라고 생각했다.

가만. 그러면 아예 이 집값이 잘못된 게 아닌가. 당초 본채 1동과 광 1동이 포함돼 있었고 그 가격을 주고 사기로 한 거다. 그런데 건물등기가 없고, 겨우 건축물대장을 만들고 보니 광 1동은 불법 건축물이라 건축물대장이 안 나오는 상황이면 가격을 더 깎아야 하는 게 아닌가.

그건 그렇고 지금 와서 600만 원이 안 나오면 나는 이 집을 도저히 살 수 없다. 리모델링 비용은 물론이고 모든 것이 물거품이 된다. 계약이 잘못되면 은행에 책임을 물으리라 생각하면서도 단호하게 말이 잘 안 나왔다.

그래도 나는 용기를 내어 단호한 듯한 어조로 말했다.

"내일이면 잔금 지급일인데 이것 때문에 집을 못 사게 되면 절대 안 돼요."

단호했다고 생각했는데 좀 약하다.

"아. 진짜. 이럴 때 뭐 하나 확실하게 안 하고 두루뭉술하게 한다니까. 제가 다시 한 번 말해볼게요."

공인중개사에게 위임장을 써주고 왔기 때문에 자세한 사정을 모르는 상황에서 고민은 깊어만 갔다.

어느새 노트를 보니 나는 전화를 받으면서 나도 모르게 대응 방안을 기록하고 있었다. 메모장에는 어느새 무엇이 잘못됐는지 이것저것 낙서가 돼 있다. 급한 상황에서는 사람이 좀 똑똑해지나.

1. 처음에 집 계약서를 쓸 때 주택담보대출 금액을 확인하고 한 것이었음

2. 서류상 광 때문에 대출 한도가 줄어든다면 이 광 때문에 가격이 내려갈 가능성도?

3. 초반 감정가를 잘못 매겨서 계약이 어긋났으므로 이에 따른 책임?

물음표가 빼곡히 그려졌다. 그렇지만 해결책은 당장 은행에서 대출금을 맞춰주는 일뿐이다. 어깨에 힘이 쭉 빠졌다.

오후가 되어서야 다시 전화가 왔다. 은행 직원이 감정을 다시 해줘서 대출금을 맞춰주기로 했단다. 안도의 한숨이 다시 터져 나왔다. 정말 집을 사는 건 힘들구나. 눈 밑에는 어느새 다크서클이 내려앉았다.

업무를 끝낸 나는 도저히 참을 수 없어 은행 대출 담당 직원에게

전화를 걸었다. 서류상 광 건물을 인정받지 못해서 재산상의 손실을 입는 것인지 궁금했기 때문이다.

은행 직원이 말했다.

"당연히 손실이죠. 본채만 건축물대장이 나온 건데요."

내가 되물었다.

"건물이 없는 건 아니잖아요. 그냥 쓰면 되는데 그렇게 손해인가요?"

서류상 없다고 하더라도 어차피 있는 건물을 쓰면 되고, 나중에 차고를 만들기 위해 허물 생각이기 때문에 딱히 없는 게 흠은 아니었다. 다만 내게 중요한 것은 광 건물이 서류상에 올라와 있지 않아서 내가 나중에 집을 팔 때 가격이 떨어질 수 있냐는 점이었다. 무엇보다 지금 본채와 광 가격을 다 주고 딸랑 본채만 산 것인가. 그렇다면 비싸게 산 건가 싶었다.

은행 직원이 친절하게 말했다.

"통상적인 거래가는 4300~4900만 원까지가 맞아요. 그런데 광 건물이 올라와 있지 않으니 나중에 팔 때 매수자에게 잘 설명해야할 거예요."

나는 고개를 끄덕였다. 내가 대출을 많이 하면 은행 입장에서 유리할 텐데도 이 직원은 객관적인 입장에서 설명을 해줬다.

다행히 대출금은 당초 계약한 대로 나왔다. 그런데 또 예상 밖의 지출이 있었다. 화재공제라는 걸 추가로 들어야 한다고 했다. 집을 담보로 돈을 빌려주니까 그 집에 화재 등의 손실이 생기면 이를 보전

해주는 일종의 보험이라고 한다. 그런데 시골집은 목조주택이라 화재에 약하기 때문에 보험료가 비싸진다고 했다.

처음에는 약 5만 원 정도 든다더니 나중에는 12만 원대로 급증했다. 일단 보험료를 뺀 나머지 비용을 입금받기로 했다. 앞으로 얼마나 많은 추가 비용이 들까. 이것은 서막에 불과했다.

드디어 디데이. 잔금 지급일이 됐다. CMA계좌에 옮겨뒀던 자금을 계좌 이체로 매도인에게 부쳐야 하는 날이다. 내가 이날 부쳐야 하는 돈은 총 3800만 원이다. CMA계좌에 약 10여 일 넣어뒀을 뿐인데 이자가 2만 원도 넘게 붙었다. 꽤 쏠쏠하다.

나는 이날 오전에 등기부등본을 확인했다. 잔금을 지급하기 전에 등기부등본을 확인하는 것은 필수다. 계약일과 잔금 지급일 사이에 내가 사려는 부동산에 무슨 일이 일어났는지 알 수 없기 때문이다.

이번에도 등기부등본 열람이 아닌 발급을 받았다. 열람 서류는 법적 제출 자료가 될 수 없나. 비용은 1600원이 들었다. 열람만 해도 어차피 800원이니 이 정도 비용은 그냥 쓰는 게 낫다.

최종 확인을 해보니 나의 집은 무사하다. 이전에 봤던 내용과 달라진 내용도 없이 깨끗하다. 토지등기와 건물등기도 안전하게 마무리됐다. 본채만 등록된 게 옥에 티이기는 하나 나쁘지 않다.

공인중개사에게 연락을 받고는 계약금 500만 원을 뺀 잔금을 입금했다. 1회 입금 한도가 1000만 원이어서 여러 차례에 걸쳐 나눠서 입금을 마쳤다. 실수할까 봐 매도인 이름을 보고 또 봤다. 덜렁대지 말자. 신중하게 출금 버튼을 눌렀다.

공인중개사가 법무사에 취득세, 등록세 등 각종 세금을 처리해주 게끔 요청해줬다. 법무사는 통화를 마친 후 팩스로 영수증을 보내왔다. 기본 9만 원에 취득세 86만 원, 교육세가 8만 6000원, 증지대가 2만 원, 원인증서 작성료 2만 원, 등록세 신고납부 대행료 2만 원, 거래신고 대행료 2만 원, 부가세가 1만 5000원. 총 113만 1000원이었다.

이제 내가 할 수 있는 모든 일은 끝났다. 나는 등기 이전이 완료되기를 기다리기만 하면 된다.

소유자 정선영

월요일 아침부터 문자가 왔다. 공인중개사가 등기 이전이 잘 끝났고, 그동안 수고했다는 인사를 전했다. 군청에 다니는 아는 분도 등기 이전이 완료됐다며 팩스로 사본을 보내줬다. 내 이름으로 등기 이전이 돼 있다. 가슴이 두근두근했다.

등기부등본이 팩스로 들어왔을 때 나는 전화로 "와 신기하다"를 연발했다. 내 인생에 이런 일이 생기다니.

> 3. 소유권 이전
>
> 목조힘석지붕 단층주택 39.67세곱미터
>
> 소유자 정선영
>
> 2012년 4월 20일 매매

이제 토지등기, 건물등기, 건축물대장 등 모든 등기 이전이 끝났다. 이로써 나는 이 집의 세 번째 주인이 됐다. 드디어 내 생애 첫 집이 생겼다. 내 이름으로 등기부등본이 생겼다. 그 후 며칠 동안 나는 등기부등본을 침대 머리맡에 두고 자기 전에 매일 봤다. 코팅이라도 할 기세다.

그런데 나는 처음이라 무서워서 법무사를 거쳤는데 소유권 이전 등기를 혼자 하는 방법도 있다고 한다. 서류만 제대로 갖추면 돈을 별로 안 들이고도 할 수 있단다.

우선 서류를 갖춰야 한다. 특히 잔금 지급일에 매도인에게 미리 말해서 등기 이전에 필요한 서류를 모두 챙겨 놓아야 한다.

그다음 부동산을 매수한 본인은 토지대장과 건축물관리대장 각 1통, 주민등록초본, 주민등록등본을 준비하고 이전등기신청서와 위임장을 작성한다. 매매계약서와 부동산거래계약 신고필증, 국민주택채권 매입필증도 준비해야 한다.

위임장은 대법원 인터넷등기소 사이트에서 바로 다운로드가 가능한데 원래 소유권자인 매도인 대신 가서 등기신청을 해야 하니까 꼭 필요하다.

잔금 지급일에 매도인에게 받을 서류는 다음과 같다. 주민등록초본과 등기필증, 부동산매도용 인감증명서를 챙겨 받아야 한다. 위에서 작성한 위임장에 매도자 인감도장을 꼭 찍어야 한다.

요즘은 등기필증이 등기필정보 및 등기완료통지서로 발급된다고 하니 이 서류도 괜찮다고 한다. 그리고 대법원 인터넷등기소에서 소유권 이전 등기신청(매매) 서류를 다운로드 받는다.

다음은 등기신청서와 각종 서류들을 모두 챙겨 관할구청으로 간다. 관할구청 세무과에 가서 취등록세를 신고하고 자진납부 계산서를 작성한다. 수입인지를 사고 부동산거래계약 신고필증도 준비한다. 직원에게 물어보면 가르쳐준다고 한다. 그리고 은행에서 취등록세를 납부한다. 취등록세는 납부영수증과 영수필확인통지서를 챙긴다. 그리고 국민주택채권을 구입한다.

국민주택채권은 토지와 건물의 시가 표준액에 따라 채권 금액이 달라진다고 한다. 채권 금액은 시가 표준액의 약 2.1퍼센트, 매도 부담금은 채권액의 약 11퍼센트 정도라고 한다.

국민주택채권은 전액 매수해 보유하거나 매입과 동시에 매도하는 방법이 있다고 한다. 매입과 동시에 매수하는 것을 즉시할인이라고 하는데 이 방법이 돈이 덜 든단다. 그리고 등기신청에 필요한 증지와 인지를 산다.

마지막으로 등기소에 모든 서류를 갖춰 제출한다. 순서대로 정리하면 등기소에서 잔소리를 안 들을 수 있다. 편철 순서는 소유권 이전 등기신청서, 취등록세 영수필확인시, 국민주택채권매입확인서, 등기수입증지와 인지, 위임장, 인감증명서, 매수자와 매도자 각각의 주민등록초본, 토지대장, 건축물대장 각 1부, 매매계약서, 부동산거래계약 신고필증, 등기필증 순이다.

등기소에 접수하고 나서 2~4일 후 신분증을 갖고 방문하면 등기권리증과 계약서를 주는데 이후 등기부등본을 확인하면 된다고 한다. 참 쉬운가? 나는 못한다.

집 문제로 4월부터 진지하게 고민하기 시작했으니 벌써 한 달 반이 흘렀다. 이 집을 사기 위해 매주 남해를 오가느라 고생이 이만저만이 아니었다.

그렇게 집이 생겼다. 무려 서울에서 편도로만 해도 고속버스로 다섯 시간. 도어 투 도어Door to Door로 걸리는 시간은 무려 일곱 시간이 넘는다. 그래도 이런 일을 꾸미게 되리라고는 생각도 못했는데 참 별일이다.

〈건축학 개론〉에서 여주인공 한가인이 사들인 집처럼 만들려면 집값만 해도 8000만 원에서 1억여 원이 든다고 한다. 내가 시골집을 사는 데 들인 총비용은 집값과 각종 세금 등을 합치면 약 4600만 원이다. 거의 절반 가격에 사들이느라 집 모양은 허름하기 짝이 없지만 그래도 소소하게 집을 가꿔간다면 편안한 주말을 보내기에는 괜찮을 듯하다.

여기에 얼마나 많은 리모델링 비용이 붙어 추가 비용이 눈덩이처럼 불어날지 모르겠으나 일단은 무사통과다.

6장

뜯고, 고치고, 칠하고

이상형의 집 모양을 갖추려면
제일 먼저 해야 하는 일이 있다.
그것은 내가 현재 갖고 있는 집이
어떻게 생겼나를 파악하는 일이다.
집 구조를 알아야 어디를 어떻게
고쳐야 할지 감을 잡을 수 있다.

이상형의 집을 찾아라

누구에게나 꿈꾸는 집이 있다. 시크하게 똑 떨어지는 도시형 주택을 원하는 사람이 있고, 목조로 따뜻하게 지어진 프로방스형 주택을 원하는 사람도 있다.

내게도 꿈꾸는 집이 있다. 내가 이상적으로 생각하는 집은 원목과 파스텔 톤으로 이뤄진 따뜻한 분위기의 집이다. 대리석이나 유리처럼 차가운 재료가 아닌 나무와 흙이 쓰이는 집이 좋다.

우선 인터넷 블로그를 돌아보며 어떤 집이 마음에 드는지 살펴봤다. 평소 한 블로그를 좋아했는데 이곳에 나온 집 사진이 마음에 딱 들었다. 심플한 사각형 집 모양에 지붕 위에 텃밭이 꾸며진 자연과 어우러진 예쁜 집이었다. 밤에 거실에 따뜻한 조명이 켜지면 왠지 사각형 등불이 될 것만 같은 집이다.

지붕 위에 텃밭이 있다면 얼마나 좋을까. 여름밤에 쑥쑥 자란 상추와 몰래 자란 풋고추를 살살 솎아내서 밥상에 올리는 것이다. 입맛 없을 때 직접 가꾼 채소를 먹으면 입 안 가득 단맛이 돈다. 신선

한 채소 내음에 마음도 포근해진다. 그런 옥상 텃밭에 앉으면 바다가 보일 것이다. 멀리 밤바다를 보며 나무 데크에 앉아 있으면 부드러운 바람이 다가와 머리를 쓰다듬을 것만 같다. 나는 텃밭을 상상하며 침을 꼴깍 삼켰다.

원목이 덧대어진 벽도, 큰 원목 창틀로 된 큰 유리창도 너무나 좋다. 여름에 큰 창을 열면 바람이 솔솔 들어온다. 예쁜 화분을 놓인 소파에 파묻혀 창밖을 바라보는 한가로움. 정말 꿈만 같다.

멋진 집을 떠올리니 저절로 미소가 번졌다. 그러나 현실은 이랬다. 팥죽색 마루는 누구의 취향인지 알 수 없고, 안 쓴 지 오래된 아궁이와 검게 그을린 벽. 그냥 쿰쿰한 냄새가 날 것 같은 시골집이다.

한두 군데 고쳐서는 견적도 안 나온다. 리모델링을 성형수술에 비교한다면 이건 수술로 해결될 문제가 아니다. 안타깝지만 그냥 다음 생에 다시 태어나기를 기약해야 하는 외모다.

나는 가장 적은 비용으로 이 못생긴 시골집을 리모델링하기로 마음먹었다. 집값을 빼고 나머지 금액이 넉넉지 못했기 때문에 선택할 수 있는 안도 별로 없었다. 그래서 이상형의 집에 있는 예쁜 부분을 조금씩만 반영하고 싶었다.

1. 마당을 향해 탁 트인 커다란 유리창

2. 원목 마루와 창틀

3. 심플한 구조

이 얼마나 욕심이 없는가. 한마디로 깨끗하고 군더더기 없는 디자인을 원한다. 현재 마루 때문에 높아진 바닥을 아예 낮춰서 천장이 높아 보이게끔 하는 것이다. 통창을 달면 환기도 잘 되고 햇빛도 잘 들겠지. 무엇보다 아궁이나 창고 이런 것을 싹 없애고 깨끗하게 통으로 트자.

이게 내 생각이었다. 별로 욕심 부린 것 없이 심플한 디자인이기 때문에 나는 별다른 걱정이 없었다. 그러나 나에게는 가장 무서운 복병이 있었다. 그것은 바로 재래식 화장실이었다.

내 집의 구조도를 직접 그리자

이상형의 집 모양을 갖추려면 제일 먼저 해야 하는 일이 있다. 그 것은 내가 현재 갖고 있는 집이 어떻게 생겼나를 파악하는 일이다. 집 구조를 알아야 어디를 어떻게 고쳐야 할지 감을 잡을 수 있다.

나는 물건리 시골집을 보러 갔을 때를 떠올리며 구조도를 그리기 시작했다. 처음에는 일단 각 방의 위치와 화장실, 부엌, 출입구 등의 배치를 익혀야 한다. 이미 사진을 찍어 온 덕분에 구조도를 그리는 것은 어렵지 않았다. 정확한 모양을 기억하지 못하더라도 중요한 요 소들만 기억하면 된다.

구조도를 그리니 의외로 집 구조가 긴단하다(162쪽 그림 참조). 방 2개 가 붙어 있고 그 앞으로 마루, 옆으로 부엌과 보일러실, 세면장 정도 가 있다. 왼쪽에 있는 아궁이와 조그만 광도 공간이 꽤 있다.

재래식 화장실이 별채에 있기 때문에 본채에는 화장실이 들어갈 자리가 마땅치 않다. 이 집을 리모델링하려면 화장실 공간을 확보하 고 방을 넓힐 필요가 있을 것 같았다.

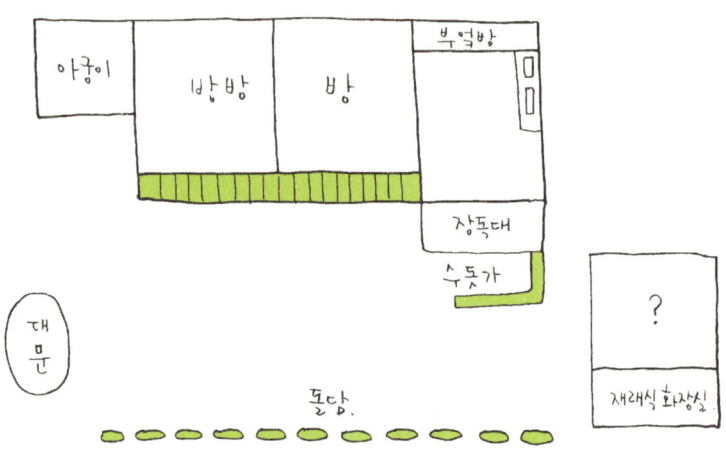

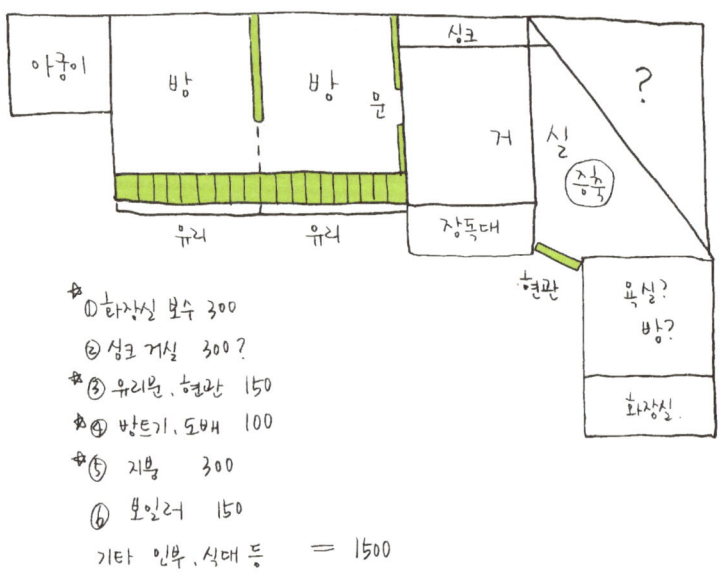

※① 화장실 보수 300
　② 싱크 거실 300?
※③ 유리문. 현관 150
※④ 밧트기. 도배 100
※⑤ 지붕 300
　⑥ 보일러 150
　기타 인부. 식대 등　＝ 1500

162

두 번째 그림을 그렸다(162쪽 그림 참조). 두 번째는 이 집을 어떻게 고치고 싶은지 새로운 구조를 그리는 것이다. 중요한 것은 기본 구조는 앞의 그림에서 벗어나면 안 된다. 그렇게 되면 새로 집을 짓는 것이나 다름없는 무리한 공사가 될 수도 있다.

　나는 기본 구조를 일단 연필로 스케치한 후 볼펜으로 새집 구조를 그려 넣었다. 가장 기본적으로 고치고 싶은 곳을 정했다. 예산 관계상 손댈 곳은 최소화했다.

　　1. 벽을 터서 방을 넓힌다
　　2. 실내에 화장실을 넣을 수 있는 공간을 확보한다

　벽을 터서 방을 넓히는 것은 그리 어려운 일이 아닌 듯하다. 그렇게 하면 자연스럽게 마루를 없앨 수 있다.

　집을 처음 봤을 때 가상 눈에 들어온 부분은 마루였다. 전 주인의 취향이 팥죽색이라는 사실에 나는 조금 실망했었다. 저 마루를 어떻게든 없애리라 생각했다. 필요 이상으로 넓은 마루 때문에 방이 너무 작아진 듯했다. 나는 방을 넓히고 거실 앞에 통창을 달아 햇빛이 들게 하고 싶었다.

　이 손바닥만 한 집 어딘가에 화장실 겸 욕실을 넣어야 한다. 간단한 샤워가 가능하고 세면대와 변기를 넣어야 한다. 가장 저렴한 방법은 세면실을 조금 넓혀서 변기와 샤워기를 넣는 것이다.

그리고 안방문을 미닫이로 바꾸면 좀더 넓게 공간을 쓸 수 있을 것 같았다. 미닫이문을 달아놓으면 방문만 열어도 마당을 내다볼 수 있다.

그건 그렇고 화장실 개조는 반드시 해야 한다. 거실이 넓어지면 화장실을 넣을 수 있지 않을까 생각했으나 너무 비용이 많이 들 것 같아 포기했다. 그냥 세면실을 넓히자.

그 다음이 방 넓히기.

1안은 방을 나란히 두고 각각 마루까지 터서 방 두 개를 다 앞으로 넓히는 것이다. 아궁이는 그대로 활용할 수 있는 반면 부엌으로 가는 통로가 없어져 이를 해결해야 한다.

2안은 아궁이를 없애고 작은방과 합치는 방법이다. 안방 앞 마루는 남아 있기 때문에 조그만 복도로 활용할 수 있다. 부엌과의 연결 통로는 물론 방 넓히기도 동시에 해결 가능하다.

마지막으로 고려해야 할 부분이 안방문이다. 원래는 한지 미닫이문으로 하고 싶었다. 이건 기능보다는 장식적인 면이 강하기 때문에 비용 지출에서 가장 후순위로 밀렸다.

디테일한 부분도 생각했다. 마루가 있던 집이라 바닥이 평지보다 높게 돼 있는데 아예 바닥을 낮추고 싶었다. 그렇게 하면 천장이 높아지는 효과도 있고 깔끔할 것 같았다.

이왕이면 통창은 여닫이로 하고 싶은 생각도 들었다. 왜냐하면 활짝 열 때 기분이 좋을 것 같다.

이런 별의별 생각을 다 하며 리모델링 구상에 돌입했다.

일단 구조도를 그리면 앞으로 어느 부분에 1차적으로 돈이 들어갈지 그림이 나온다. 나는 이 집에서 화장실 건축 비용을 주로 지출하고, 방을 넓히고 통창을 다는 것을 중심으로 리모델링을 진행하면 될 듯하다.

그럼 앞의 이상형의 집과 결합하면 어떤 모양이 나올까. 원목 바닥과 원목 창틀로 된 큰 창문. 한쪽에 넓어진 거실. 그 거실은 평소에는 텔레비전과 소파 등을 놓고 쓰다가 때로는 방으로 써도 되는 아늑한 곳이 될 것이다.

화장실은 레몬색 타일을 붙여 포근한 이미지로 만들고 싶다. 겨울에 샤워를 해도 추운 기분이 들지 않도록 말이다. 초록빛 허브 화분도 하나 놓으면 좋겠다.

안방 문은 미닫이로 해서 열어두면 된다. 방 안에 누워도 바깥이 보이니 훨씬 집이 밝아질 것이다.

전반적으로 원목색과 흰색으로 이뤄져 심플하고 아늑한 느낌을 주고 싶다. 이게 내가 생각했던 리모델링 이후의 집 모양이다. 상상만 해도 행복한 집 같아 웃음이 멈추지를 않는다.

현실과 이상, 리모델링 전문가와 상의하라

좋은 사람을 만나는 것은 노화 방지에 좋다. 그 사람으로 인해 화를 낼 일도, 고민을 할 일도 많지 않으니 속 썩이는 사람을 만났을 때보다 훨씬 덜 늙을 수밖에 없다.

리모델링 전문가를 만나는 일도 그렇다. 끊임없이 돈 문제로 조율할 일이 생기고 여러 가지 사건 사고들이 발생하기 때문에 마찰도 생길 수 있다. 이때 어떤 리모델링 전문가를 만나느냐는 문제 해결에 있어 아주 중요하다.

나는 부동산 공인중개사가 추천한 대로 전통시골집보존회에 리모델링을 의뢰했다. 황봉학, 권기남 디자이너 부부는 우리 집에서 몇 발짝 거리에 있는 연예인 전원주택 리모델링 공사를 이미 하고 있어 신뢰가 갔다. 쉽지 않은 일이지만 디자이너들이 만든 집을 직접 가서 보고 결정하는 것이 좋다.

보통 리모델링을 할 때는 건축사무소에 설계비를 주고 의뢰를 하면, 그곳에서 현장에서 건축하는 사람들과의 각종 마찰도 조율해준다고 한다. 하지만 나는 비용 절감이 최우선 과제여서 그렇게는 할 수 없었다.

모든 것은 바로바로 디자이너들과 협의해서 결정해야 했다. 그러나 제한된 비용을 가지고 리모델링을 진행하는 일은 만만치 않았다. 우선 내가 그리고 있는 이상적인 집과 현실의 시골집 사이에서 합의를 봐야 했다.

처음 디자이너 부부를 만났을 때, 대충 집을 어떻게 개조하고 싶은지 큰 그림을 정했다. 황 사장 부부는 이전 연예인 주택 공사에서 전통집을 보존하며 황토방 꾸미는 것을 하고 있던 차여서 황토를 바른 디자인을 권했다. 그러나 황토색을 별로 좋아하지 않는 나는 흰색을 택했다.

나는 연신 디자인만큼은 깔끔하고 심플하게 해달라고 요청했다. 할머니가 쓰실 집이기는 하지만 나도 이용하고 싶은 집이었으면 했다. 세심한 디테일은 내 취향과도 맞아야 했다.

이상형의 집과 현실의 집 사이의 경계를 맞추는 일에 돌입했다.

"거실 앞에 큰 통창을 달고 싶어요. 창틀은 원목으로 하고 싶고요. 깔끔하게."

이건 나의 희망사항이고 현실은 이렇게 제시된다.

"큰 통창을 기본으로 할게요. 그런데 원목 창틀은 너무 비싸요. 바깥은 흰색이고 안쪽은 원목색인 새시가 있는데 그걸로 하는 편이 좋아요."

이상형 집 1번 항목. 원목 창틀의 꿈이 날아갔다. 새시문이 외풍 차단에도 좋고 가격 면에서도 효율적이라고 한다.

"마루도 원목으로 하고 싶어요. 깔끔하게."

나는 계속 반복해서 '깔끔하게'를 외치고 있었다. 아무리 시골집이지만 사실 막상 들어가서 산다면 네모반듯한 깨끗한 집이었으면 좋겠다는 생각이 들었다.

또다시 꿈은 현실의 벽에 부딪힌다.

"원목 마루를 깔면 너무 비싸요. 원목 무늬 장판과 데코타일이 있는데 그걸로 할게요."

이상형 집 2번 항목. 원목 마루 역시 레벨이 낮아졌다. 요즘은 원목 무늬 장판이 잘 나와서 깨끗하게 마무리된다고 한다. 일단 믿고 추진하기로 했다.

"구조는 심플했으면 해요. 거실과 안방 마루 사이의 문도 없애주세요."

"문이 없으면 거실을 방으로 활용하기 힘들 텐데요?"

나는 중간에 문이 있으면 답답할 것 같았다. 그냥 오가기 좋게 연결돼 있는 편이 좋았다. 문을 없애는 것은 비용 절감에 좋은 쪽이니 없애기로 했다.

그럼에도 이상형의 집과 현실의 집 사이의 거리는 너무나 멀었다.

"지붕을 어떻게 네모반듯하게 할 수는 없을까요?"

옥상 정원의 꿈을 버리지 못하고 나는 이렇게 물었다. 그러나 황 사장은 고개를 저었다.

"새로 지으면 모를까, 한옥 구조로는 반듯한 지붕이 나오기 어려워요. 한옥은 나무 기둥과 서까래가 서로 지탱하면서 맞물리는 구조라서 어느 한 기둥을 잘못 빼면 무너질지도 모릅니다."

사각형 등불 같은 집에 대한 로망도 훨훨 날아갔다.

"마루를 없애고 바닥을 낮춰주세요. 축담과 같은 높이로 낮게."

"그런데 부엌 쪽은 높은데 방 쪽만 낮추면 생활하기 불편할 거예요. 어느 정도 높이는 맞춰야 해요."

바닥 낮추기도 현실적으로 어렵다고 한다. 바닥과 편평하게 통창을 열고 들어가서 천장이 높게 느껴지는 시원한 구조는 '불가능'에 가까웠다. 이상형 집이 멀리멀리 날아가는 소리가 들리는 것만 같다.

그건 그렇고 무엇보다 가장 큰 복병은 재래식 화장실. 처음에는 재래식 화장실을 없애고 수세식 화장실로 개조하는 방안을 연구했다. 그런데 비용이 정말 예산보다 세 배 가까이 뛰었다. 특히 재래식 화장실은 대문 입구 쪽에 있어서 이용하기에도 너무 멀다.

본체에 새 화장실을 짓기로 했다. 화장실을 신축하려니 비용 부담이 커졌다. 정화조, 오수관 등 비용이 500만 원 가까이 들었다. 이로 인해 다른 부분의 리모델링은 현실과 타협할 수밖에 없었다.

그렇게 기준은 현실의 집에 가깝게 맞춰졌다. 나는 붕붕 떠 있던 마음을 다잡고 이상형의 집을 꼬깃꼬깃 주머니에 접어 넣었다.

리모델링 공사, 산 너머 산

건축 디자이너의 성격이 적극적일수록 의뢰인은 편해진다. 우리 집 공사를 맡은 디자이너 부부는 두 사람 다 유들유들하고 유쾌한 성격이었다. 이들 부부는 정말이지 무적 특공대 같다. 리모델링 과정에서 등장한 별의별 골치 아픈 일도 척척 해결해냈다. 서울에서 근무하느라 공사를 일일이 돌아볼 수 없는 상황에서 각종 난관에 봉착했을 때 이런 건축 디자이너의 영향력은 큰 힘이 된다.

리모델링 공사를 계획할 때, 처음부터 큰 산이 기다리고 있었다. 비용 문제였다. 일단 첫 예산은 600만 원이었다. 수세식 화장실을 넣고, 거실 벽을 트고, 통창을 넣는 공사에도 턱없이 부족한 돈이었다.

"천장 말인데요. 서까래가 살아 있으면 그걸 살리고, 상했으면 그냥 천장으로 할까 하는데 어때요?"

황 사장이 제안했다. 일단 서까래 상태를 보자는 이야기다. 그랬다. 입면도에는 천장이 없었던 것이다. 사실 나는 천장은 그냥 편평하게 하는 것인 줄 알았다. 황 사장은 전통 한옥 전문가답게 서까래를 깨끗하게 살릴 방안을 연구중인 모양이었다.

"그냥 심플하게 해주세요. 서까래 그런 거 안 살려도 되고."

황 사장은 천장을 확인하고 그것을 손보는 비용을 추가로 제시했다. 이렇게 해서 공사 비용은 200만 원 플러스. 나는 회사에서 나올 보너스를 염두에 두고 수긍했다. 보너스에 얼마의 비용을 보태면 200만 원 정도는 만들 수 있겠지. 그렇게 천장 공사가 추가됐다. 나중에 나는 계약서에 천장 공사 부분을 특약으로 기록해달라고 했다. 확실하게 체크해 둬야 까먹지 않기 때문이다.

공사 도중 서까래 일부를 다시 드러나게 해달라고 했다. 그러자 추가로 200만 원이 더 든대서 나는 과감히 서까래를 포기했다. 예쁘지만 그게 다 돈이었다. 그래서 집 천장은 편평한 일반형 천장이 됐다.

한 산을 넘으니 또 다른 산이 기다리고 있었다. 바로 세입자였다. 이 집에는 당초에 남자 한 사람이 세를 들어 살고 있었다. 사실상 월세를 지불하지는 않기 때문에 세입자라고 보기는 애매한데 어쨌든 거주하고 있는 사람이 있었다.

문제는 계약 시 특약으로 둔 조항이었다. 공인중개사는 매도인은 매수인이 잔금 지급일 내에 리모델링 공사를 할 수 있다는 조항을 넣어줬다. 이 조항을 넣은 것은 공사를 조속히 마무리해 할머니가 하루빨리 이사할 수 있도록 해주고 싶었기 때문이다. 그래도 잔금 지급일까지 여유를 두어 세입자가 집을 구할 수 있는 시간을 주었다. 그런데 사람 일이란 게 때로는 마음대로 안 된다. 내 마음과 남의 마음이 항상 같은 것은 아니니까.

황 사장은 여러 차례 전화를 해서는 공사를 한다는 사실을 매도인에게 알려달라고 했다. 나는 공인중개사를 통해서 알렸는데 세 단계를 거치니 제대로 연결이 안 된 모양이다.

공사에 돌입한 첫날, 세입자는 크게 화를 냈다고 한다. 생활을 하고 있는데 집 한쪽이 공사에 들어가니 기분이 상한 모양이었다. 그런데도 황 사장은 담담했다.

"어쩌겠어요. 이런 일 다 신경 쓰면 집 공사 못해요."

황 사장은 세입자의 마음을 달래주고 생활에 불편이 없도록 조치했다고 한다. 공사 중간에 방문해보니 세입자가 귀가했을 때 마음이 상하지 않게 물청소도 잊지 않는다. 최종적으로는 세입자의 이사도 도와줬다고 한다. 어떤 요령인지 모르겠는데 세입자는 잔금 지급일보다 훨씬 일찍 집을 비워줬다.

"공사 시작 안 했으면 세입자 나가는 데만 며칠은 걸렸을 거예요. 얼마나 오래 걸리는데요. 빨리 이야기하고 마무리하는 게 좋아요."

황 사장 부부는 리모델링을 빨리 시작하길 잘 했다고 한다. 세입자가 나가기를 기다릴 수만은 없다고 잘라 말한다.

다음으로 거대한 산이 남아 있었다. 그것은 바로 이웃이었다.

아니, 어떻게 알고 전화를 하는 거지?

어느 날, 모르는 전화번호로 전화가 왔다. 한창 근무중이던 나는 전화를 받는 동안에도 정신이 없었다.

"저희는 마을에서 공사를 담당하고 있는 사람들인데요."

이게 무슨 이야기일까. 내 번호를 어떻게 안 걸까. 이분은 동네 이웃이라고 했다.

"저번에 한번 할머니랑 봤는데 기억할라나 모르겠네."

목소리만 들으니 알 수가 없다. 나는 잠시 긴장했다. 혹시 명절 때 사과 상자를 들고 왔던 분인가 싶어 얼른 인사를 했다.

"냉설에 사과 상사 주신?"

"아, 기억하네. 맞아요. 이번에 할머니 집을 샀다고 해서 우리가 도와주려고 하는데."

리모델링 공사를 도와주겠다고 했다. 순간 나는 마을에서 공사하시는 모임이라고 해서 자원봉사 모임인 줄 알았다. 이미 황 사장과 계약할 마음을 먹고 있던 참이기도 했다.

"그런데 저는 이미 리모델링 의뢰를 하고 있는 곳이 있어서요."

"그래요? 총 금액이 얼만데요?"

"600만 원……."

화장실과 거실, 창문 등을 고칠 거라고 하자 전화기 너머 목소리는 단호해졌다.

"그 돈으로는 그 공사 다 할 수가 없어요. 통창 하나만 해도 150만 원인데 어떻게 그게 돼?"

"이미 계약하기로 이야기하고 있어서요."

"어차피 리모델링 업자는 그 돈에 계약해도 더 부르게 돼 있어요. 계속 돈만 더 들어가는 거지. 그냥 우리가 공사해줄 테니 한번 이야기해볼래요?"

마침 천장 공사 비용 200만 원이 추가된 터라 나는 갑자기 불안해졌다. 자칫 계속 비용이 추가된다면 공사를 중간에 하다 마는 경우도 생길 수 있단다. 그런 갑갑한 경우는 당하고 싶지 않다.

"그럼 얼마에 해주실 수 있는 거예요?"

정확한 견적을 알려달라고 하자 모임을 해보고 알려주겠단다.

마음이 불안해진 나는 그날 저녁 황 사장에게 말했다.

"정말 이 금액이 너무 저렴한 거예요? 정말 추가 비용이 계속 들어가요?"

나는 마을 분들의 말에 어느새 휘둘리고 있었다. 황 사장은 이미 거래하고 있는 곳에서 그 가격에 맞춰서 자재를 가져올 수 있기 때문에 문제없다고 쿨하게 답했다.

더 큰 문제는 다음이었다. 마을 공사 모임에서 연락이 자주 왔는데 결론은 이보다 더 싼 가격에 공사를 할 수는 없고 조금씩 나눠서 공사를 진행하라는 것이다. 결과적으로 내게 돈을 조금 더 지불하더라도 탄탄하게 집을 지으라는 권고를 한 셈이다.

지금 하려는 리모델링 공사도 최소화한 건데 여기서 더 조금씩 장기간 나눠서 공사를 하란다. 비용도 두 배, 시간도 두 배 이상이다. 견고한 집이 될지 모르지만 오랜 시간 동안 완벽한 공사를 위해 큰 비용을 지불하고 싶지는 않았다.

무엇보다 내 마음에 뿔이 나게 만든 한마디는 "할머니가 사실 거니까 대충 쓸 수 있게만 하면 되죠"였다. 나는 절대 동의할 수 없다. 비용이 싼 것도 아니고 무료로 봉사해주는 것도 아닌데 이런 말도 안 되는 경우가 어디 있는가. 할머니가 살 거라고 대충, 적당히 화장실만 만들면 된다는 말에 나는 마음을 접었다. 마을 사람들이라는 것 때문에, 정 때문에 거절을 못하고 있다가 하마터면 상황을 골치 아프게 만들 뻔했다.

마을 사람들은 내가 사들인 집을 미리 가보고는 본인들 나름대로 견적을 뽑은 듯했다. 그러나 아무 제안서도 없었고 총비용이 얼마나 더 드는지 자세한 설명도 없었다. 그냥 본인들을 믿고 공사를 맡기라는 말이다. 나는 더 이상 마음고생을 오래 하고 싶지 않았다.

레전드 님께 상의하자 "당초 하려던 곳에서 크게 개선된 조건이 없다면 그냥 이전 계약을 진행하는 게 좋겠다"고 말했다. 나도 같은 생각이었다. 나는 황 사장과 계약하기로 마음을 굳혔다.

나는 최종 조건을 황 사장에게 통보했다.

"추가 비용 없이 그냥 800만 원에 이 조건대로 해주세요. 그냥 심플한 걸 원해요."

그 뒤 다른 곳에서 제안이 왔지만 할머니가 산다고 적당히 고쳐줘서는 안 된다고 못을 박았다. 이 집은 할머니가 살 곳이지만 내가 쓸 곳이기도 하다. 내 취향이 전적으로 반영돼야 한다고 누차 강조했다.

나는 그 후로도 마을 공사 모임과 오랫동안 통화를 했다. 이 모임은 마을 분들 중에 건축 관련 일을 잘 하는 사람들이 모여서 만든 거라고 했다. 미장, 도배 등 각 분야별 전문가가 모인 집단인 셈이다.

처음에는 괜히 마을 사람들 눈 밖에 날까 봐 걱정돼 말을 제대로 못했다. 그러다 보니 집을 한 1년 여유를 두고 지어라, 군청에서 지원 나오는 비용까지 기다렸다가 지어라, 등등 각종 조언이 쏟아졌다. 내가 시간이 부족하고 이 일을 길게 끄는 것을 원하지 않는다고 강하게 말했음에도 별로 반영되지 않았다.

그런데 더 생각지도 못한 제안이 들어왔다. 나 대신 공사를 감독할 수 있도록 대리인 권한을 달라는 요청이었다. 집 살 때도 대리인을 두고 싶지 않아 하루 만에 남해를 다녀왔는데 굳이 공사 감독 대리인을 둬야 할까. 하지만 공사 감독이 중요하다고 해서 얼떨결에 승낙을 해버렸다. 나중에 계약할 때 옆에서 봐주겠다고 했다.

그래도 뭔가 찜찜해 나는 레전드 님과 다시 상의를 했다. 내 이야기를 듣고 난 뒤 레전드 님은 계약을 그렇게 해서는 안 된다고 했다. 한쪽과 계약하면 최대한 믿어야 한다는 것이다. 결국 나는 마을 사람들과의 협의는 없던 일로 했다.

팔랑귀를 펄럭이며 이리저리 휘둘린 탓에 괜히 역효과도 났다. 마을 공사를 담당하는 분들이 황 사장에게 "너무 싸게 공사를 한다"며 한마디 한 모양이었다. 아무리 가격이 싸도 나한테는 큰 비용이 나가는 공사인데 그냥 '저렴한 공사'가 돼버렸다. 그렇다 보니 좀더 비싼 자재를 요구하고 싶어도 불평을 말하기 어려워졌다. 정에 못 이겨 단호하게 결단을 못 내린 대가는 꽤 컸다.

나의 경우는 사실 선택의 여지가 없었지만 리모델링 공사를 시작하기에 앞서 가격을 비교하다 보면 주변의 말에 휘둘리기 쉽다. 그러나 어차피 직접 공사를 하지 않는 한 100퍼센트 입맛에 맞게 고치기는 어렵다. 특히 시골집의 경우 서울에서 왔다 갔다 공사를 살펴보기도 만만치 않다. 한 업체를 정했다면 협상을 지속하면서 믿고 맡겨 보는 편이 낫다.

리모델링 견적서 받는 법

황 사장은 입면도를 두 장 그려서 보내줬다. 한 장은 거실 개조, 한 장은 화장실이었다. 위에서 내려다본 그림으로 모든 게 설명 가능하다고 했다.

리모델링에 쓰일 자재도 자세하게 설명이 돼 있기 때문에 따로 견적서를 쓸 필요는 없어 편리하다. 입면도로 보면 한눈에 보이기 때문에 미세 조정만 거치면 된다.

오른쪽 거실 입면도를 보면 내가 구상했던 커다란 창문과 마루, 거실 겸 방 등이 구현돼 있다. 나는 현관문 설치가 필요하다고 말했다. 할머니가 외출할 때 문을 잠글 수 있도록 해야 한다. 황 사장은 '잠금 장치가 가능한 현관문'을 추가해줬다. 나는 안방 마루와 거실 방 사이의 문도 없애달라고 했다. 공간이 좁은 만큼 가급적 문을 최소화하고 싶었다.

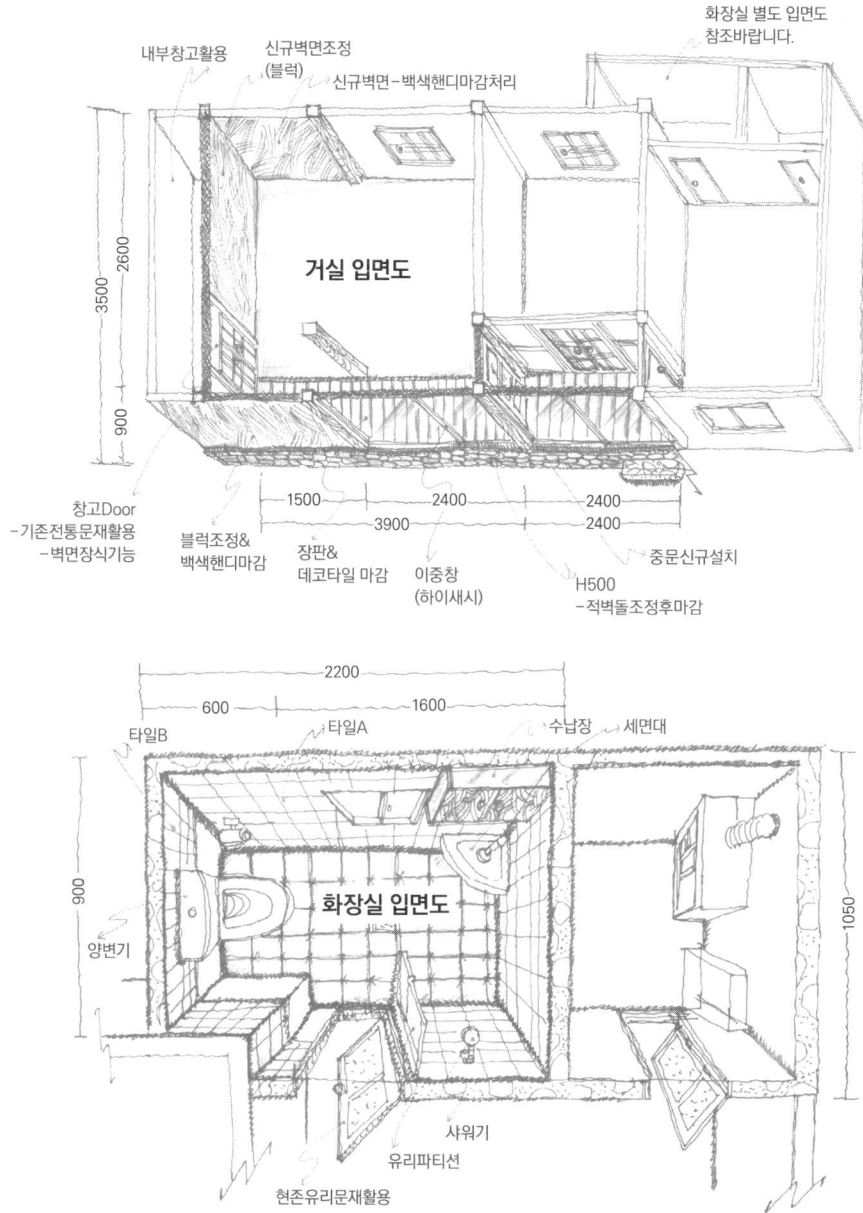

화장실 별도 입면도
참조바랍니다.

내부창고활용

신규벽면조정
(블럭)

신규벽면 - 백색핸디마감처리

3500
2600
900

거실 입면도

창고Door
-기존전통문재활용
-벽면장식기능

블럭조정&
백색핸디마감

1500   2400   2400
3900   2400

장판&
데코타일 마감

이중창
(하이새시)

H500
-적벽돌조정후마감

중문신규설치

2200
600   1600

타일B   타일A   수납장 세면대

900

화장실 입면도

1050

양변기

샤워기
유리파티션

현존유리문재활용

화장실은 딱히 지적할 게 없었지만, 한 가지가 마음에 들지 않았다. 본래부터 '화장실은 예뻤으면 좋겠다'는 게 내 요구사항이었다. 그런데 앞쪽 화장실 입면도에 있는 삼각형 세면대는 왠지 예쁘지 않은 것 같았다. 그래서 나는 세면대를 사각으로 바꿔달라고 했다.

이 그림이 나오기까지 여러 차례 통화가 오갔다. 전화로 의사전달을 하는 것은 한계가 있어 조금씩 수정할 사안이 생겼다. 내가 원하는 그림과 황 사장이 떠올리는 그림이 다른 경우도 생길 수 있어 정확한 의사전달은 필수였다.

나는 최대한 심플하게 해달라고 말했다. 황토를 바르는 것은 자제하고 하얀색 벽면으로 깔끔하게 해줄 것을 요청했다. 나는 황토색을 별로 좋아하지 않는다. 그렇지만 세세하게 체크를 하는 것은 필수다. 자칫 입면도를 봤다고 해서 그렇게 나올 거라고 기대하고 자재나 위치 등을 제대로 보지 않으면 예상과 다른 그림이 나올 수 있다.

재료를 꼼꼼히 살피고 체크하는 것은 리모델링에서 비용 절감의 기본 원칙이라 할 수 있다. 나중에 자칫 배보다 배꼽이 더 큰 보수 비용을 치러야 할 수도 있다.

아마도 나의 배보다 큰 배꼽은 단열이 아닐까 싶다. 겨울이 되면 외벽을 둘러 단열 처리를 해야 할 것 같다. 스스로 꼼꼼히 챙기지 않으면 주문하는 쪽도 만드는 쪽도 다 챙기지 못할 수 있어 정신을 바짝 차려야 한다.

입면도가 있으니 계약하기는 다소 수월했다. 어려운 그림이 아니어서 바로 리모델링 후의 모습을 가늠할 수 있기 때문이다. 그렇게 입면도 협상이 마무리된 후 시골집 수리에 필요한 계약서를 주고받았다. 수리 내역은 물론 총비용, 특약 사항 등을 상세히 기록해야 한다. 우선 전체 계약은 다음과 같았다.

> 공사명: 시골집 리모델링
>
> 공사 현황: 도면 참조
>
> 공사 총비용: 800만 원정(세금계산서 발행 시 부가세 별도)
>
> 시공 날짜, 공사 기간, 자재, 계약금, 잔금 액수와 지급 기일

그리고 도면 외에 중요했던 네 가지 특약 사항이 있었다.

> 1. 할머니 방 장판 시공
>
> 2. 외출 시 외부에서 안전한 잠금장치가 가능한 노어 설치
>
> 3. 화장실과 거실에 기본 전기 콘센트를 설치토록 함(별도 전기공사는 쌍방 합의 하에 처리)
>
> 4. 정면의 거실 외부 벽면 마감은 방수 가능한 재질(드라이비트: 백색) 처리토록 함

이 특례 조항들이 마무리되기까지 협상 과정은 지속됐다. 1번은 할머니 방 장판이 없어서 추가한 것이었고 2번 잠금장치 가능한 도

어는 합의가 된 부분이었다.

그러나 3번. 전기 콘센트 설치는 추가 비용이 들어간다고 했다. 사람을 불러야 하니 약 15만 원이 인건비로 든다고 했다. 그 밖의 재료비도 추가된다는데 나중에 알게 된 사실이지만 전선 기초공사 비용에 들어가는 전선 값은 정말 비쌌다. 전선을 넣는 일만 거의 인건비에 맞먹는 수준이었다. 여기에 초인종과 센서등이 추가되니 비용은 30만 원을 훌쩍 넘었다. 나는 등골이 휘는 게 이런 거구나 실감했다.

4번은 레전드 님이 백색핸디가 물에 약하다는 점을 지적하면서 추가된 부분이다. 외벽에 있는 핸디 처리 부분은 방수 처리를 요청할 수 있었다. 직접 재료별 특성을 알아보지 않으면 또 비용 추가가 생기는 것은 불을 보듯 뻔했다.

나는 여기에 천장 공사에 대한 확실한 문구를 기재해달라고 요청했다. 그냥 한 번 천장을 열어보고 서까래 상태를 확인하고 난 후 고쳐주겠다는 것은 왠지 깔끔하지 않았기 때문이다.

여기서 끝나지 않았다. 다섯 번째 조항이 추가되었다.

5. 거실 천장 몰딩 등 깨끗하게 마감함

나중에 천장 때문에 추가 비용을 지출하거나 의사소통이 안 됐다며 또 다른 논의를 하고 싶지는 않았다. 천장 이야기를 말로만 하고 200만 원을 얹어줬는데 나중에 천장에 대한 부분은 어디에도 없어 내가 직접 추가했다.

　이로써 공사 계약이 마무리됐다. 황 사장과 나는 서로 이메일로 계약서를 주고받고는 날인은 생략했다. 공사 기간은 일주일이다.

깐깐해야 돈을 아낀다

　리모델링 공사를 진행해본 결과 절실히 깨달은 것은 최대한 깐깐해져야 한다는 것이다. 그리고 계약서에 포함되지 않은 사항을 반드시 챙겨야 한다.

　계약서 내용만 챙겨도 될 텐데 포함 안 된 사항까지 챙기라고? 여기에는 이유가 있다. 일단 리모델링 계약을 하면 계약서에 있는 내용을 챙기기도 바쁘다. 평소 덜렁대는 성격이라면 마음을 가다듬고 하나하나 꼼꼼히 봐야 한다. 자재 하나, 견적 나온 비용 하나하나 소홀히 해서는 안 된다.

　그러나 추가 비용은 항상 계약서 이외의 곳에서 발생한다. 왜냐하면 이미 계약서에 써 있는 내용은 협상의 여지가 별로 없다. 예를 들어 통창을 달아주기로 계약했으면 달아주면 된다. 만약 계약서에 깜박하고 써두지 않았다면? 거기에서는 분명히 비용이 발생한다. 무조건 말이다. 그래서 추가 비용 발생을 미리 계산에 넣고 대비할 필요가 있다.

이미 공사 계약을 하고 리모델링 공사를 하는 건축 디자이너 입장에서도 어찌할 도리가 없다. 그 금액에 맞춰 예산을 잡았는데 갑자기 추가 사항을 요구하면 비용을 청구할 수밖에 없다.

공사에 들어가는 비용은 몇 만 원 정도가 아니라 때로는 수십 만 원이 한순간에 추가되기도 한다. 목돈을 가지고 있지 않은 채 월급으로 메우려면 분명 한계가 따른다.

리모델링 공사가 시작되고 나서 나에게는 이상한 습관이 생겼다. 매일 밤 자기 전에 이 집에 꼭 필요한데 내가 놓친 부분이 없는지 생각하는 것이다. 수면 시간은 짧아졌고 다크서클은 길어져 줄넘기 라인이 됐다.

'방충망은 달려 있는 걸까. 여름에 벌레 무지 들어올 텐데.'

다음 날 아침에 황 사장에게 전화해 물어보니 이중창에 포함돼 있다고 한다. 다행이다. 벌레 걱정은 일단 패스.

'조명은 어쩌지. 그 집에 전등이 있었나?'

또 통화한다. 그런데 이번에는 정말 중요한 부분이었다. 조명이나 배선에 대한 내용이 계약시에 포함되지 않은 것이나.

"내가 전기 이런 건 잘 모르니 전기 기술자를 불러서 배선을 해야죠. 인건비가 15만 원 정도 들어요."

맙소사. 계약서대로 공사하면 생활에 불편이 없을 줄 알았는데 아니었다. 그런데 생각해보면 그렇다. 콘센트는 안방, 부엌 등 여러 군데 있기 때문에 황 사장 입장에서는 굳이 추가를 권하지 않을 만도 했다. 그러나 나는 거실에서 텔레비전을 연결하거나 선풍기를 트는 것이 가능해야 하므로 당연히 콘센트가 필요하다고 생각했다. 배선을 추가했다.

나는 수첩에 15만 원을 적어놨다. 추가 비용이 생긴 셈이다. 깜박했더라면 리모델링이 끝나고 나서 공사를 또 할 뻔했다.

다음 날 나는 인터넷으로 조명을 사들였다. 조명 비용 역시 별도였다. 배선 전문가를 부를 때 전등을 가져오라고 하면 되지만 내 취향에 맞는 전등을 달고 싶었다.

마음에 드는 조명을 찾기 위해 인터넷 쇼핑몰을 두루 살폈다. 정말 새로운 세계가 펼쳐졌다. 특이한 모양과 장식을 단 색색의 조명들에 나는 그만 반해버렸다. 너무 예뻐서 이것저것 골라 장바구니에 담아뒀다.

조명 쇼핑. 이것은 아주 재미있는 일이었다. 귀여운 색깔의 조명들도 많고 꼬마전구들을 줄줄이 다는 레일형 조명도 마음에 들었다. 창문에 쪼르륵 달면 귀엽겠다. 할머니는 무당집 같다고 싫어하겠지만.

나는 최대한 디자인이 간단하면서도 오래 쓸 수 있는 조명을 고르기로 했다. 이런 곳에 비용을 너무 많이 들이면 안 된다. 비용이 충분하지 않을 때는 심플한 게 좋다. 후보를 정하자. 사야 할 조명은 거실등, 복도등, 현관등, 실외등, 욕실등 다섯 개다. 할로겐등도 추가해서 분위기 좋게 만들고 싶었지만 그냥 뺐다.

전체적으로 빛은 형광등이 아닌 전구색으로 골랐다. 형광등은 너무 적나라하게 비춰서 사람이 예뻐 보이지 않기 때문이다. 그리고 전구를 오래 써야 하니 돈이 좀 들더라도 삼파장 전구를 쓰기로 했다.

일단 거실등은 크고 밝으면서도 형광등 느낌이 나지 않는 화이트 펜던트 2개등으로, 복도등은 프로방스 1구 민트색 갓등으로 선택했다. 실외등은 흰색 외벽에 맞춰 흰색의 로맨틱한 디자인으로 골랐다. 욕실등은 깔끔하고 전등 커버가 잘 돼 있는 사각등으로 했다.

이제 배선 전문가가 와서 이 등을 적절한 장소에 달아주면 된다.

이렇게 조명과 배선을 계약서에 언급하지 않은 바람에 나는 50여만 원의 추가 비용을 썼다. 이런 식의 추가 비용이 반복되면 자칫 빈정 상하는 경우도 생길 수 있다. 시골집은 고쳐야 할 점을 찾으면 한도 끝도 없기 때문이다.

그렇기 때문에 초반에 계약서 작성부터 깐깐하게 해야 한다. 가급적 계약서에 사소한 내용도 명시하는 편이 좋다. 의뢰인과 공사업체 사이에서 커뮤니케이션이 이뤄지시 않아 계약서에 누락된 부분은 고스란히 비용 부담으로 돌아온다.

일주일 만에 두세 건만 추가 공사가 발생해도 주머니에서 100만 원은 우습게 빠져나간다. 평소 외환기사를 쓰면서 그리스 채무불이행(디폴트) 기사를 매일 다뤘는데 이러다가는 그리스가 망하기 전에 나부터 망할 것 같았다. 남의 나라 디폴트 걱정할 때가 아니었다.

돈, 돈, 돈

리모델링 공사가 진행되다 보니 문제는 연이어 터져 나왔다.

"할머니 방 도배는 어떻게 하실 거예요?"

처음에 계약할 때 생각하지 않았던 곳이다. 워낙 작은 방이고 지난번에 봤을 때 벽이 깨끗해 보여 그냥 뒀었다. 그런데 워낙 오래됐고 지저분해서 도배를 새로 해야 할 것 같다고 한다. 도배는 필요할 듯하다. 도배비 9만 원이 추가됐다.

며칠 후, 보일러를 체크해본 황 사장에게서 전화가 왔다.

"여기 보일러 고장 나 있어요. 따뜻한 물 나오게 수도를 달았는데 정작 보일러가 안 되면 온수를 못 써요."

나는 집을 사기 전에 보일러를 확인하지 않은 것을 후회했다. 당연히 작동하는 줄 알았던 것이다. 당연히 있을 거라고 생각한 것은 꼭 없구나. 그렇게 보일러 비용이 70만 원 추가됐다.

소소하게 추가되는 공사들은 나의 생활을 궁핍하게 했다. 나는 '먹을 거 안 먹고 입을 거 안 입고'라는 말을 실감했다. 그렇다고 해서 굶거나 벌거벗고 다닌 것은 아니지만 이 비용을 충당하려면 최대한 비용을 아껴야 했다. 예상하지 못했던 비용들이 며칠 간격으로 연달아 나가자 통장 잔고는 어느새 0원으로 향했다.

이런 부담이 최고조에 달한 것은 전기 배선 공사를 마무리하던 날이었다. 나는 전기 배선 공사와 함께 초인종과 센서등을 추가했었다. 센서등은 앞서 조명을 살 때 샀으면 1만 원대에도 구입 가능한데 미처 사지 못했었다. 초인종은 5만 5000원이라고 했다.

황 사장에게서 전화가 왔다.

"배선 공사가 끝났고요. 인건비 15만 원에 재료비 포함해서 35만 원이네요."

깜짝 놀라 수화기를 떨어뜨릴 뻔했다.

"왜! 그렇게 비싸요?"

인건비에 초인종과 센서등을 추가해서 22만 원 정도 예상하고 있던 나는 예상 밖의 금액에 낭황했다. 전선이나 스위치, 콘센트 따위가 총 12만 원이란다. 오전에 업무가 바빠 금액을 대충 듣고 나서 정신을 차려 보니 더 당황스러웠다. 전선이 그렇게 비쌀 줄이야.

주변 기자들에게 전선이 그렇게 비싼 건지 물어봤더니 다들 "굵은 전선이라 그런 건가"라고 말했다. 기자들 역시 인테리어에는 무심하니 별 뾰족한 답이 나올리 만무했다. 매일 리모델링 어쩌냐며 입이 나와 있어서 그랬는지 결국 '리모델링푸어'라는 이상한 별명만 생겼다.

리모델링 공사를 하면서 제일 힘들었던 점이 이것이었다. 건축 디자이너와 계약한 금액만 착공비, 중도금, 잔금 순으로 내면 끝이라고 믿었던 내 생각은 너무 짧았다. 그러나 이건 끝이 아니었다.

서울에서 일을 하니까 아무래도 남해의 공사 현장을 자주 둘러볼 수 없었다. 그런데 누군가 리모델링을 한다면 공사 현장에 자주 둘러볼 것을 권하고 싶다.

현장에서 일어나는 일을 알 수 없으니 도배나 전선 비용이 추가될 때마다 괜히 마음이 상했다. 그런데 중간에 공사 현장을 가보고 나니 그런 작업이 왜 필요한지, 비용을 어떻게 최소화할 수 있는지 알 수 있었다.

주말에 캔맥주와 초코파이, 마른안주 등을 사 들고 현장에 갔다. 마침 시멘트로 미장 작업이 진행중이었다. 마당에는 온갖 건축 자재들이 쌓여 있고 사람들은 하나같이 바쁘게 움직였다. 한쪽은 시멘트를 바르고 한쪽은 정리를 하며 제각각 할 일을 마무리하고 있었다.

이렇게 현장을 찾아가면 여러 가지 문제점을 해결할 수 있다. 나중에 공사 완료 후 수정, 보완해야 하는 문제들을 미리 예방하고 줄이는 데도 도움이 된다.

나는 준비해 간 전등을 풀어놓았다. 황 사장 부부와 이 전등을 어디에 달면 될지 체크를 했다. 실외등 위치와 거실에 들어갈 전등, 센서등 위치 등을 정했다. 콘센트나 스위치를 어디다 둘지도 대충 이야기했다.

특별히 그림과 달라진 부분은 없었다. 방 넓이와 모양을 실제로 보니 오히려 조금 안심이 됐다. 그럼에도 리모델링은 벽지부터 스위치, 콘센트까지 다 돈이 들어간다. 황 사장이 부엌등과 할머니 방 전등을 무료로 해줬음에도 추가 비용은 만만치 않았다.

사람들이 말했다.

"리모델링은 다 돈 내는 만큼 해주는 것이다."

비용이 더 들어가면 아무래도 좋은 재료를 선택할 수 있고 비용에 한계가 있다면 자연히 선택지는 좁아진다. 처음부터 예산이 빠듯하면 재료가 예쁘지 않아도 불평하기가 어렵다. 사람을 불러야 하는 일은 더 그렇다. 나의 경우는 배선, 도배, 보일러 비용이 추가로 들어가면서 아울러 인건비도 추가로 들었다.

남해의 초여름은 마늘종을 수확하는 시기다. 특산물이라 집집마다 마늘밭 하나쯤은 있다. 그러니 다들 농사지으러 나가서 인력이 현저히 부족하다. 사람을 쓰려면 비용을 많이 내는 수밖에 없다. 배선, 도배, 보일러 어느 것 하나 사람을 부르지 않고 할 수 있는 일이 없었다. 인건비가 이렇게 중요하다니.

그래서 두 말할 필요도 없지만 예산이 넉넉히면 넉넉할수록 리모델링은 유리하다. 리모델링 공사가 끝나고 나서도 편리한 집을 만들기 위해서는 또 다른 비용이 필요하기 때문이다. 나는 할머니 이사 비용에 가스 설치비가 추가로 약 50만 원 정도 들었다.

리모델링 비용으로 계약한 비용이 총 800만 원. 여기에 추가 공사 비용이 더 들어가면서 1000만 원 정도로 비용이 뛰었다.

텃밭에 대한 이상과 현실의 괴리

　내게는 앵두나무 집에 대한 환상 같은 게 있다. 조롱조롱 매달린 빨간 앵두를 한 소쿠리 따 먹는 생각을 하면 마냥 신난다. 어릴 때 앞집에 큰 앵두나무가 있었는데 여름에 한 바가지 따다 주는 앵두가 참 탐스럽고 맛있었다.

　이번에 시골집을 사면 텃밭에 꼭 앵두나무를 심겠다고 작심했다. 그런데 안타깝게도 앵두나무는 차량 운송비가 너무 비쌌다. 나무 값은 3만 원인데 차량 운송비는 무려 10만 원이 넘는다. 앵두나무는 안 되겠다.

　텃밭에 대한 나의 이상은 어릴 적 살던 집으로 되돌아간다. 그 한옥 마당 한쪽에 제법 널찍한 화단이 있었다. 할머니는 이 화단에 여간 정성을 들이는 게 아니었다. 철마다 형형색색의 꽃이 피고 열매가 열렸다. 나는 그림을 그리거나 열매를 따 먹는 등 화단에서 노는 것을 좋아했다.

　그 화단의 제일 웃어른은 돌배나무다. 나무가 늙어서인지 가지가

21세기북스 도서목록

생각 버리기 연습
화내지 않는 연습

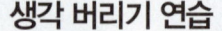

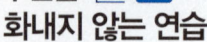

코이케 류노스케 지음 / 각 권 12,000원

매일 3000명의 인생을 바꾼 화제의 베스트셀러!
일본 열도를 뒤흔든 동경대 출신 스님의 휴뇌법

남자의 물건
노는만큼 성공한다

김정운 지음 / 각 권 15,000원

SBS 지식나눔 콘서트 '아이러브ㅅ' 화제의 방송!

차범근, 안성기, 조영남, 문재인의 물건을 본 적이 있는가?
김정운이 제안하는 존재확인의 문화심리학

언니의 독설 1, 2

김미경 지음 / 각 권 12,000원

국민 언니 김미경이 독한 애정으로 서른을 코칭한다!

커리어 갈림길에 선 30대 여자들의 필독서! '직업 객사 하지 않고 커리어
에서 승리하는 법', '남편의 육아 나이를 키우는 방법'등 실생활에 바로 응
용할 수 있는 명쾌한 해답이 담겨 있다.

공병호의 공부법

공병호 지음 / 값 15,000원

어른이 되어 시작하는 진짜 공부!

공부하는 삶과 공부하지 않는 삶, 무엇이 어떻게 달라지게 될까? 이 책은 삶의 순간순간을 치
밀하게 '나의 것'으로 만드는 공병호식 공부 기술서다. 지극히 일상적이지만 대단히 혁명적인
저자의 공부법은 '나만의 공부법'을 찾아 나서게 하는 고마운 자극이 될 것이다.

마음을 비우면 얻어지는 것들

김상운 지음 / 값 15,000원

베스트셀러《왓칭》의 후속작

그토록 얻으려 했던 것들이 마음을 텅 비우자 저절로 굴러 들어왔다! 인생의 큰 착각에서 깨어
난 26년차 베테랑 기자의 놀라운 체험! 내 안에 가득한 모든 쓸모없는 생각들을 싹 비워버리
는 비밀은 없을까? "나는 나를 텅 비웠는가?"이 질문 속에 모든 답이 들어 있다.

천천히 깊게 읽는 즐거움
이토 우지다카 지음 / 값 12,000원

속도에서 깊이로 이끄는 슬로 리딩의 힘

"느린 속도로 단어와 문장 표현을 꼼꼼하게 읽습니다. 어떤 한 단어를 파고듦으로써 단어 이면에 크고 넓게 펼쳐진 개념과 감각, 사고방식까지 이해하는 것입니다.
_하마다 준이치(도쿄대 총장)

푼돈에 매달리는 남자 큰돈을 굴리는 남자
스티브 시볼드 지음 / 값 13,000원

가난한 30대가 갖춰야 할 100가지 부자 상식

즐기며 사는 나를 상상하라! 우리가 아는 돈에 대한 상식을 깨고 부자가 되는 방법 100가지가 담겨 있다. 돈 자체로 행복을 살 수는 없다. 하지만 돈이 많으면 인생을 즐길 기회가 더 많아지고, 우리 마음도 더 너그러워진다.

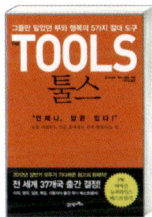

툴스
필 스터츠, 배리 미첼스 지음 / 값 14,000원

PW, 아마존, 뉴욕타임스 베스트셀러, 전 세계 37개국 출간 결정!

지금 당신이 힘들고 괴로운 이유는 해결되지 않은 문제들이 쌓여 현재를 잠식했기 때문이다. 고통의 근원을 뿌리 뽑으려면 어떻게 해야 할까? 지금 내 앞에 닥친 불행을 물리치고 행복과 성공으로 가는 길, 그 길이 『The TOOLS 툴스』에 있다.

가가와 싸이처럼 금기를 깨라
유석환 지음 / 값 15,000원

엠빈 투플러 재단 추천!

큰 성공을 거둔 회사에는 항상 비판자들이 있다. 모두가 CEO의 철학을 따르기만 한다면 그 회사는 머지않아 위기를 맞는다. 이 책은 강자와의 협상 기술, 스펙을 쌓지 않아야 하는 이유, 회사 내 커뮤니케이션 전략 등을 통해 금기를 깨는 경영을 소개한다.

예금 풍차를 돌려라
윤승희 지음 / 값 14,000원

현직 은행원이 직접 들려주는 재테크 비법!

월급날 며칠 지나면 통장 잔고 '0원'찍는 당신! 복리 효과, 원금 보장, 유동성 확보가 남의 이야기가 아니다. 불황기에 더 잘나가는 부자들만 아는 재테크의 비밀을 공개한다. 직장생활 5년차, 예금풍차만 알면 당신도 1억 모을 수 있다!

고려사로 고려를 읽다
이한우 지음 / 값 15,000원

가장 역동적인 역사의 순간

서로 비슷해 보이는 사건과 인물들을 비교하면서 역사의 반복성과 특수성을 포착했다. 그리고 고려사에 담겨 있는 고려의 진면목을 발굴하고자 애썼다. '조선적인 것'에 앞선 연속선에 있으면서도 자신만의 고유성을 갖는 '고려적인 것'을 찾아 제시했다.

시골집에 반하다
정선영 지음 / 값 13,000원

바다가 보이는 나만의 별장, 구입부터 리모델링까지!

매일매일 종종걸음으로 도시 한복판을 오가며 돈을 벌기 위해 일을 하고, 나름 미래를 준비하면서 그렇게 살면 내 인생이 행복해질까. 그때 문득 시골이 떠올랐다. 그리고 나는 5000만원으로 시골집을 샀다! 평일에는 도시에서 일하고 주말에는 시골집에서 힐링한다!

일생에 한번은 독일을 만나라
박성숙 지음 / 값 14,800원

독일의 문화, 역사, 그리고 삶의 기록들

느린 속도로 세상을 움직이는 철학자들의 도시, 독일! '일생에 한번은' 시리즈의 독일 편으로, 조용한 낭만이 살아 숨쉬는 독일의 매력을 북독일, 남독일, 중부독일, 그리고 분단의 아픔을 딛고 살아나는 동독일까지 아우르며 설명한다.

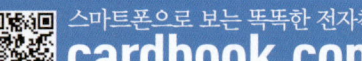

이미 죽은 것 같은데도 해마다 하얀 배꽃이 피었다. 배꽃은 벚꽃이나 매화와는 달리 연초록색의 상큼한 느낌이 있다.

가을에 돌배가 주렁주렁 열리면 지나가던 중학생들이 자주 손을 댔다. 아이들은 맛이 채 들지 않은 어린 배를 따가서는 한 입 먹고 버리곤 했다. 할머니는 궁리 끝에 배에 밀가루를 묻혀놓고는 학교 아이들이 자주 가는 가겟집에 가서 "농약을 쳤는데 먹으면 죽을지도 모른다"고 소문을 냈었다. 그 뒤로 황금색 돌배는 익을 때까지 무사했다. 죽은 듯한 나무였지만 해마다 꽤 많은 돌배가 열려서 사람들과 나눠먹기도 했다.

또 내가 좋아하던 나무는 '수수꽃다리'라고 부르는 라일락이다. 4~5월쯤 되면 연보라색 꽃뭉치가 무성하게 피는데 향기가 아주 좋다. 온 집에도 옷에도 그 향기가 퍼지는 듯해서 기분도 좋아진다.

이 밖에도 화단에는 산앵두나무나 참빗살나무, 백합, 나리꽃, 다육식물 등이 저마다 제자리를 지키고 있었다. 접시꽃이나 금잔화, 패랭이꽃도 할머니는 골고루 심었다.

채송화와 봉선화(봉숭아)는 기본이다. 특히 봉선화는 여름에 빨간색, 흰색, 핑크색 꽃을 따다 백반을 넣고 찧어서 꽃물을 들였다. 손가락을 봉지로 싸고 명주실로 꽁꽁 싸맨다. 답답하다고 하면 할머니는 적어도 하룻밤만은 참으라고 한다. 이게 첫눈 올 때까지 있어야 좋은 사람 만나서 시집간다고. 나는 어떻게 될지도 모를 미래를 위해 가려움을 참았다. 오렌지색 꽃물이 들었다가 시간이 지날수록 손

톱 끝으로 반달 모양 꽃물이 밀려난다.

뒤뜰에는 뽕나무라고 부르던 오디나무가 있었다. 검붉은색 오디가 열리면 하얀 먼지 덩어리 같은 것이 폴폴 떨어져도 열심히 따서 모았다. 맛이 썩 좋은 편은 아닌데 먹고 나면 혀가 보랏빛으로 변한다.

유자나무도 철마다 유자꽃이 피고 노란 유자 열매가 열린다. 유자는 남해 특산물이기도 한데 겨울이 오면 할머니는 유자를 따다가 차를 담갔다. 유자청을 썰어 설탕에 절이는 동안 나는 새콤하다 못해 쓴 유자속을 한 알씩 먹었다. 할머니는 입 안에 신물이 고인다며 손사래를 쳤다.

이런 기억들 때문일까. 나는 꽃과 나무가 많은 집이 좋다. 이 집을 리모델링하면서 화단에 나무를 많이 심어야지 하고 욕심을 부렸다.

앵두나무를 심으려던 계획이 무산되고 나서 무슨 나무를 심을까 생각했다. 그러던 중 황 사장 부부의 말이 귀에 스쳤다.

"남해에서만 나는 신기한 열매가 하나 있어요. 비파 말예요. 살구도 아닌 것이 아주 맛있는데 이게 과일가게에선 안 팔아요. 남해에서만 먹을 수 있어요. 그것도 얻어먹을 정도로 귀하죠."

이 말에 나는 고개를 크게 끄덕였다. 그렇다. 사먹지도 못하는 열매. 향긋하고 살구보다 부드러운 맛의 비파가 집에 주렁주렁 열리는 상상을 했다. 그렇게 정원수는 비파나무로 결정.

인터넷 쇼핑몰에서 비파나무 묘목을 샀다. 내친김에 산앵두나무도 넣었다. 둘러보다 보니 포포나무, 일명 뽀뽀나무라는 것이 있다.

열매는 망고 모양이고 바나나 향과 망고 맛 둘 다 난다고 한다. 뽀뽀나무도 추가. 마구 욕심을 부리며 주문을 했다.

그러나 막상 묘목이 집에 도착했을 때 나는 실망을 금치 못했다. 일단 나무는 정말 작아서 언제 자라나 싶다. 마치 씨를 심어서 싹을 틔워 1년 키운 것처럼 키가 작다.

더 큰 문제는 이 나무들을 못 심었다는 것이다. 텃밭이 오래 방치돼 있어서인지 삽도 안 들어갈 정도로 딱딱했다. 너무 오랫동안 관리를 하지 않았는지 돌이며 유리조각이 흙에 섞여 있다. 흙 전체를 갈아치우지 않는 한 화단에 뭔가를 심어먹기는 힘들 듯하다. 묘목을 심으려고 일부러 생활용품을 싸게 파는 가게에서 삽과 호미도 사갔는데. 아쉽다.

비가 와서 땅이 물러지면 모를까. 지금 상태로 봐서 텃밭은 무리다. 열심히 삽질을 해봤지만 겨우 꼬마 묘목 두 개를 심었을 뿐이다. 리모델링에서 화단은 일단 꽁꽁 접어야 했다.

텃밭이 이렇게 엉망이면 할머니 소일거리가 없어진다. 그래서 나는 인터넷 쇼핑몰에서 옥싱 뒷빝 가꾸기용 대형 화분을 두 개 구입했다. 화분에 넣을 상토까지 4포대 세트로 구입하니 약 30만 원 정도 들었다. 나무로 된 화분은 보기에도 좋다. 바퀴가 달려 있어 쉽게 자리를 옮길 수도 있다.

꽃 모종과 상추, 부추씨 몇 봉지를 사갔더니 화단 가꾸기를 좋아하는 할머니는 연신 함박웃음을 지었다. 화단을 만들고 서울로 온

지 몇 주쯤 지나자 할머니의 전화 목소리가 한결 좋아졌다.

"꽃이 억수로 피었다. 상추도 나고. 어서 와서 밥 싸묵자."

처음에는 집이 마음에 안 든다고 낯설어하던 할머니도 화단이 생기자 조금씩 안정을 찾았다.

남해에 갈 때마다 예쁜 꽃 화분을 사다주겠다고 했더니 할머니는 이렇게 말했다.

"내가 다른 건 몰라도 꽃은 잘 가꾼다. 저승에 가서도 나는 꽃 가꾸고 있을 거다."

할머니가 식물 키우는 데 탁월한 능력이 있기는 하다. 그래도 나는 금세 할머니를 타박한다.

"살아계신 동안에 잘 가꿔요. 쓸데없이."

통화를 하다 보니 오피스텔 창문에서 말라 죽어가고 있는 선인장과 산세비에리아가 보인다. 할머니한테 갖다 맡겨야겠다.

7장

싹 헐고 새로 짓기

시골집은 하나하나 따지면
손볼 곳이 넘쳐난다.
아예 사방의 벽을
다 뜯어내고 싶을 때도 많다.
만약 집을 사는 비용을
들이지 않아도 된다면,
과감하게 새로 지어라.

신축 비용은 얼마나 들까

　누군가 시골집을 리모델링하다 보면 제일 목까지 차오르는 말이 "이쯤 되면 그냥 새로 짓는 게 낫다"는 푸념일지도 모르겠다. 나 또한 공사 기간 동안 가장 억누르기 힘들었던 점이 바로 이 신축을 하고 싶은 욕구였다.

　시골집은 하나하나 따지면 손볼 곳이 넘쳐난다. 아예 사방의 벽을 다 뜯어내고 싶을 때도 많다. 만약 집을 사는 비용을 들이지 않아도 된다면, 그러니까 이미 보유하고 있는 시골집이 있다면 과감하게 신축에 나서 보는 것도 좋을 것이다.

　시골집의 경우 15~25평 정도만 충분히 넓게 쓸 수 있다. 대부분 마당이 확보돼 있기 때문이다. 따라서 생활에 필요한 공간을 잘 짜 맞춰 넣는다면 평수가 작으니 깔끔하게 새로 짓는 편이 훨씬 낫다는 것이다.

　나 같은 경우 새로 집을 짓기는 어렵지만 일단 견적은 한번 내보기로 했다. 나중에 광 부분을 헐고 새로 신축을 할 날이 올지도 모르기 때문이다. 상상은 무죄니까.

일단 남해군 내의 한 건축회사에 문의했다. 평당 200~300만 원 정도면 집을 짓는 것이 가능하다고 한다. 자세한 것은 현장을 봐야 견적이 나오겠지만 통상 그 정도는 기본으로 든단다. 그렇다면 평당 200만 원만 들어도 20평이면 4000만 원. 집값이 들지만 않았으면 신축하는 것도 괜찮은 듯하다.

두 번째로는 물건리 내에 있는 예쁜 펜션에 대해 물어봤다. 남해 오션뷰펜션인데 건물이 예뻐서 어디서 지었는지 물어봤다. 대구에 사는 한 건축 디자이너가 지었다고 한다.

"여기는 예쁜 펜션들이 많이 생겼는데 다 개인 건축업자들이 지은 경우가 많아요. 건물도 튼튼하고 예쁘지. 재작년에 지었는데 대지 140평에 평당 450만 원 정도 들었어요. 요즘은 가격이 올랐겠죠."

이 펜션을 지은 사람은 대구에서 인테리어 사업을 하고 있는 박승권 씨다. 그에게 건축비 문의를 하니 20평 기준이면 평당 400만 원 정도면 가능하다고 한다. 화장실, 인테리어 등이 전부 포함된 가격이다. 단, 설계 비용 300~350만 원은 별도다.

"저도 남해 사람인데 대구에서 인테리어 사업을 하고 있어요. 삼천포에서 남해 들어올 때에 있는 아라펜션도 제가 지었어요."

물론 처음에 이렇게 평당 가격으로 제시하고 나면 자재나 각종 변수에 따라 추가 비용이 들게 마련이다. 신축 비용은 기본 비용을 6000~8000만 원 정도는 잡고 시작하면 될 듯하다.

내가 만약 직장을 은퇴하고 약 1~2억 원의 비용을 들고 전원생활을 꿈꾸는 사람이라면 집값을 포함해도 1억 원이 채 안 되니 좋을지도 모르겠다. 하지만 30대 초반의 평범한 직장인인 내게 그 돈이 만만치 않은 금액인 것은 물론 현실적으로도 불가능한 일이었다.

그래서 이번에는 조립식주택으로 눈길을 돌려봤다. 요즘에는 내구성이 좋은 스틸하우스는 물론 최근에는 하이센하우스, 일본식 조립식주택 등이 주목받고 있다고 한다.

먼저 경남 창녕에 있는 하이센하우스 사무실로 문의했다. 15평 주택을 짓는 비용은 평당 285만 원으로 총 4275만 원이 든다고 한다. 20평은 평당 265만 원 선으로 총 5300만 원이다.

이 비용에는 욕실, 정화조, 화장실, 바닥 기초, 실내 인테리어 등이 모두 포함된 가격이다. 단, 데크나 싱크대, 신발장 등은 별도 비용을 지불해야 한다. 하이센하우스는 회사 내에 창호 벽체 패널 공장을 같이 운영하고 있다고 한다.

하이센하우스가 내세우는 장점은 공사 기간이 짧아 고급 소재를 씀에도 인선비가 줄어든다는 섬이다. 아울러 기조 공사에 400T 스티로폼을 사용해 바닥 냉기 차단은 물론, 벽체도 자체 생산하는 특허품인 하이센패널을, 외부 단열재로 스카이텍을 사용해 단열 효과가 좋다고 한다. 지붕은 인슐레이션이라는 양모 소재를 촘촘히 시공한다고 한다.

하이센하우스 관계자는 "착공부터 완공까지 한 달 정도면 된다"

며 "조립식으로 자재가 좋기 때문에 겨울에 따뜻하고 여름에 시원하다"고 말했다.

하이센하우스의 좋은 점은 평면도와 함께 3D로 된 집 모양을 직접 보여준다고 한다. 인터넷에서 사용자 후기를 읽어 보니 단열이 잘되는 점과 여름에 시원한 점이 주로 언급돼 있었다.

빨리 짓고 단열도 잘 되고, 비용도 합리적이다. 나는 한동안 조립식주택의 매력에서 헤어 나오질 못했다. 허우적허우적.

스틸하우스가 뭔데?

"그러지 말고 스틸하우스로 지어. 튼튼해."

한 외환 딜러가 내게 이런 조언을 했다. 스틸하우스? 왠지 세련돼 보인다.

스틸하우스는 전원주택 붐이 일면서 가장 인기를 끌고 있는 주택이다. 그런데 스틸하우스 전문가에게 "스틸하우스는 평당 얼마면 지어요?"라고 문의했다가 된통 혼만 났다.

전문가들이 제일 먼저 강조하는 말은 스틸하우스에 대한 오해를 버리라는 말이다. 스틸하우스는 일반 조립식주택과 같은 집이 아니라고 한다. 단순히 평당 얼마냐고 물어서는 답이 안 나온다는 말이다. 나는 그래도 초보니까 박박 우기며 비용 견적을 내달라고 했다.

"스틸하우스는 조립식 샌드위치 판넬로 대충 짓는 집이 아닙니다. 북미, 북유럽에서 주로 쓰는 방법인 건식공법으로 짓는데 단열이 상당히 잘 되고 내구성도 높은 주택이에요."

저렴하게 짓겠다는 생각으로 스틸하우스를 쉽게 결정해서는 안 된다고 전문가들은 지적했다.

스틸하우스는 내구성이 좋아 최하 120년은 유지할 수 있고 지진도 6~7도까지는 견딜 수 있는 내진설계가 돼 있는 튼튼한 주택이라고 한다. 목조주택은 내구성이 약 80년이고 지진은 4~5도 정도 견딜 수 있다고 한다.

과거에는 스틸하우스를 해외에서 수입된 자재로 지으면서 대형 평수 위주로 갔는데 요즘에는 전원주택 열풍으로 소형 평수도 짓는단다.

스틸하우스를 짓는 비용은 평당 약 380만 원으로 옵션을 추가하면 약 450만 원이다. 목조주택은 약 350만 원인데 옵션 추가 시 약 400만 원 정도 생각하면 된다. 그렇다고 조립식주택과 비교할 때 비용 부담이 크게 늘어나는 것은 아니다. 목조주택과 비교해도 꽤 튼튼해 보인다.

앞에서 시골집을 살 때 화재공제 비용을 두 배로 물었던 적이 있다고 했다. 단지 목조주택이라는 이유 때문이었다. 그래서인지 스틸하우스는 왠지 좀 좋아 보였다.

그런데 한 유명 스틸하우스 업체에 문의해보고 나서 기분이 좀 상했다. 제대로 견적을 알려주는 것도 아니고 비용은 얼마든지 올라갈 수 있다는 식이었다. 펜션 건축으로 좀 인기를 끌어서인지 작은 평수의 저렴한 공사는 안 하겠다는 것이다. 36평 이하는 안 한단다.

그러나 모든 스틸하우스 전문회사가 그런 것은 아니다. 공장을 갖추고 있는 큰 회사에 의뢰하면 좀 다르다. 비용 부담이 낮아지는 것은 물론 체계적으로 업무 분담이 되기 때문에 공사 규모가 크지 않아도 성실히 상담을 해준다. 자재를 한 회사에서 생산, 조달하기 때문에 비용이 절감되고, 공사 기간도 한 달에서 한 달 반 정도로 짧아 인건비 역시 줄어든다. 조립식 건축 못지않게 과정이 간편하면서도 맞춤 설계가 가능한 셈이다.

"하청을 주지 않으면 그만큼 비용이 낮아집니다. 공장을 직접 운영하면 자재 비용 역시 낮아지죠."

스틸하우스 관계자의 목소리에 자신감이 넘친다. 한국철강협회 등록 회원사로서 공장 부근에 모델하우스가 있으니 구경 오라는 말도 잊지 않는다. 이런 업체를 활용하면 바닥 기초와 정화조 비용 약 500~600만 원을 빼고 평당 300만 원 이하에 건축이 가능하다.

견적은 시골집 20평에 평당 350만 원(데크 5평 포함)으로 받았다. 데크는 평당 45만 원 정도면 더 만들 수 있다고 한다. 물건리 근처에 있는 다른 집을 공사하고 있으니 한 번 와서 현장을 보라고 한다.

건축 전문가들에게 전원주택 건축을 문의하면서 공통적으로 늘은 말은 '현장을 답사하라'는 것이다. 그 회사가 어떤 집을 지었는지, 공사 과정에서 비용 독촉은 없었는지, 집을 짓고 나서도 불편한 점은 없는지 현장에 가서 물어보는 것이다. 인터넷을 통해서도 열심히 자료를 모아야 한다고 권했다. 전문 지식보다 중요한 것은 실제로 그 회사를 통해 집을 지어 본 생생한 건축주의 증언이다.

황토주택의 매력 포인트

처음 시골집을 사려고 했을 때 공인중개사는 이렇게 말했다. 3000만 원만 추가하면 멋진 황토주택으로 지을 수 있다고.

사람들이 황토주택을 선호하는 데는 이유가 있는 듯하다. 바로 건강에 좋다는 인식이다. 피부에도 황토팩을 하면 반질반질하고 예뻐지니 집도 황토집을 지으면 몸에 좋지 않을까. 호흡기나 아토피에도 좋다고 하니까 말이다.

물론 나는 황토색을 싫어해서 고개를 저었다. 그런데 황 사장이 짓고 있는 연예인 전원주택을 보고 나서 황토주택도 예쁠 수 있다는 것을 처음 알았다. 연예인 맹호림 씨가 짓는 곳이라는데 나의 시골집에서 불과 몇 발자국 떨어져 있다.

황토벽과 시골 마루, 정감 가는 창문이 참 보기 좋았다. 정원수를 가득 들여서 정원 조경까지 멋들어지게 해놓으니 시골집이 세련된 전원주택으로 180도 변신했다.

황토주택. 따뜻해 보이고 너무 예쁘다. 맹호림 씨 집은 큰 나무와

206

우물이 있어 상당히 매력적이었다. 나는 연신 감탄사를 뱉었다. 집이 넓지는 않았는데 예쁘게 변한 모습을 보니 황토집도 참 괜찮았다. 찜질방처럼 황토를 바르는 줄 알았는데 그런 건 너무 무식한 생각이었다.

알고 보니 황토주택은 고급 황토벽돌을 쌓아서 짓는 집이었다. 직접 가서 구경해보니 정말 아름다운 집이었다. 평당 약 300~330만 원 정도면 황토주택을 지을 수 있다고 한다. 조립식주택이나 스틸하우스에 비해 건축 비용도 꽤 효율적이다.

나무 데크의 꿈

　나무로 된 데크가 있는 집은 왠지 로맨틱해 보인다. 조명을 달고 테이블 세트를 놓으면 여느 카페도 부럽지 않다. 여름에 고기를 구워 먹거나 앉아 있기에도 참 좋을 것 같다. 한국에 데크가 들어온 건 얼마 되지 않았다고 한다. 한옥의 마루와 비슷하게 활용할 수 있고 집도 예뻐 보여 전원주택에서 데크는 인기가 많다.

　데크는 주로 방부목을 사용하는데 그래도 나무 데크는 오래 유지하기가 어렵다고 한다. 썩지 않도록 약품 처리가 된 자재를 쓰지만 워낙 약품이 독해서 그리 좋지 않단다. 보기 좋게 오래갈 것이냐, 건강과 환경에 좋은 것이냐를 모두 고려해야 하는 것이다.

　그만큼 나무 데크를 오래 유지하려면 손이 많이 간다. 목재 전용 도료인 오일스테인을 칠해주고 종종 새 나무를 사다가 보정 작업도 해야 한다. 요즘은 초보자도 직접 만들 수 있는 DIY(스스로 만들기, Do It Yourself)데크가 나온다고 한다. 공사 기간도 짧고 설명서 따라 설치하면 쉽게 데크를 만들 수 있다고 한다.

적삼목(시다, CEDAR)이라 불리는 향나무는 데크에 쓰는 목재로 인기가 많다고 한다. 특유의 성분과 향이 있어 벌레도 덜 꼬이고 관리도 쉽다고 한다. 가격이 비싼 게 흠이라고 한다.

CCA라는 약품 처리된 방부목도 자주 쓰이는 재료다. 중금속 성분을 함유하고 있으나 화재를 주의하면 인체에 큰 해는 없다고 한다. 그럼에도 전문가들은 맨 손으로는 이 나무를 잘 안 만진다고 하니 약품이 독하긴 독한 모양이다.

데크에 바르는 재료인 오일스테인도 준비해야 한단다. 2~3년마다 칠해주는 것도 잊지 않아야 한다. 자외선 차단 제품도 있다고 하니 나무 데크 관리가 만만치 않다.

데크를 설치할 때는 설치 모양, 목재의 방부 처리, 함수율, 데크용 철물 특수도금 여부, 목재의 결과 뒤틀림을 고려한 간격 유지, 목재용 보호제 등은 필수다.

아무래도 데크를 만드는 것은 쉽지 않아 보인다. 그래서 나는 궁리 끝에 다른 방법을 찾았다. 할머니의 평상이다. 나무 그늘에 평상을 놓으면 데크 못지않게 효율적으로 쓸 수 있을 것이나. 나무 평상. 데크보다 더 시골집에 어울리는 매력적인 아이템이다.

할머니의 평상은 나무로 돼 있는데다 여기도 팥죽색 페인트가 칠해져 있다. 도대체 이 팥죽색 페인트는 어디서 구하는 걸까. 할머니는 바닥재용 장판으로 나무를 감싸는 게 어떨까 했다. 나무로 돼 있어서 비 올 때 젖을까 봐 마당에 내놓을 수 없다고 했다.

궁리 끝에 이 평상에 접착식 우드타일을 붙여 장식을 해보기로 했다. 우드타일을 붙여놓으니 허름한 나무 평상이 탄탄한 모양새로 바뀌었다.

접착식 우드타일은 가격도 저렴하다. 총비용이 3만 원도 채 안 들었다. 방식도 스티커를 붙이듯 붙이면 된다. 다만, 일주일 정도는 물에 젖지 않도록 잘 보관해야 한다. 새집이 생기고 나서부터 점점 DIY에 관심이 많아지고 있다.

이층집을 짓고 싶다면

"저희 집은 이층집을 지을 수 없나요?"

부동산 중개업소에 물어보니 괜찮다고 했다. 계획관리지역은 지어도 된다고 한다. 내가 이것을 물어본 이유는 물건리의 경우 특정 지역의 땅은 이 층을 지을 수 없게 돼 있기 때문이다.

바로 경관보호구역 때문이다. 물건리에는 천연기념물 제150호인 방조어부림 숲이 있다. 숲과 바다, 수평선이 이루는 경관이 마을에서 한눈에 내려다보이게끔 규제를 하고 있다. 경치를 보호할 필요성이 있는 셈이다. 도로 주변의 땅은 경관보호구역에 들어가기 때문에 이 층 이상 건물을 짓기 힘들다.

그래서 머리 회전이 빠른 사람들은 복층을 짓는다. 밖에서 보면일 층이지만 내부에서는 이 층이 되게 짓는 것이다. 나의 시골집은 바닷가에 가깝고 마을에서 낮은 쪽에 있어 이 층을 올려도 걱정 없다고 한다. 물론 이 층을 짓는 일은 없을 것이다.

또 한 가지는 현상변경허가 대상구역이다. 이는 문화재에 직간접적으로 영향을 미치거나 주변 환경에 영향을 줄 만한 공사, 혹은 개발, 건축 등의 행위를 할 때 허가를 받아야 하는 지역이라는 의미다. 이 역시 내 삶에 크게 영향을 줄 것 같지는 않다. 하지만 시골집을 구입할 때 이 정보는 정말 중요하다. 이 층을 짓고 싶은데 경관보호구역에 땅을 샀다면 참 골치 아픈 일이 아닐 수 없다.

관리지역은 계획관리지역, 생산관리지역, 보전관리지역으로 나뉜다. 계획관리지역은 도시지역으로 편입이 예상되는 곳이나 자연환경을 고려해 이용, 개발이 제한되는 곳에 대해 설정하는 것인데 계획적인 관리가 필요한 곳이라고 보면 된다.

생산관리지역은 농림수산업 등을 위해 관리가 필요한 지역을 말한다. 보전관리지역은 자연환경 보호나 산림 보호, 녹지공간 확보, 생태계 보전 등을 위해 관리를 엄격하게 하는 곳을 말한다. 생산관리지역에 속하면 건폐율은 20퍼센트에 그친다.

계획관리지역의 경우 건폐율은 40퍼센트, 용적률은 100퍼센트이므로 개발하기는 상대적으로 용이한 구역이다. 그렇기 때문에 이 같은 비율을 넘지만 않는다면 이층집 건축도 충분히 가능하다.

이런 내용을 미리 알고 있어야 새로 신축을 할 때 참고할 수 있다. 이 자료는 국토해양부의 토지이용규제 정보서비스http://luris.go.kr/web/actreg/arservice/ArPlan.jsp에서 제공하고 있다. 민원24나 이 사이트에서 토지이용계획확인서를 무료로 발급받을 수 있다.

전답을 대지로 전용하는 방법

시골에 있는 땅은 전답으로 돼 있는 경우가 많다. 대부분 경작지로 활용되고 있기 때문이다. 만약 전답을 구입하게 된다면 이를 대지로 전용하는 방법이 있다고 한다. 농지전용을 받는 것이다. 전원주택을 지으려면 지목이 '대지'로 돼 있어야 한다. 전용 허가가 나면 2년 이내에 집을 지어야 한다. 1년 연장은 가능하다.

농지전용은 최대 1000제곱미터(302평)까지 된다. 지목을 대지로 바꾸는 농지전용, 산지전용 절차를 거쳐야 한다.

농지전용 허가를 받는 것은 공인중개사를 통해 소개를 받아 대행을 하면 된다고 한다. 개인이 토목측량회사를 통해 알아보고 해도 되지만 지방에 있는 회사들은 농지전용 허가 업무는 하지 않는 경우가 많다고 한다. 그런데 이 농지전용을 하려면 돈이 든다. 농지전용 부담금, 지역개발 공채, 면허세 등이 부과된다.

산림 형질변경도 비용이 든다. 대체 산림자원 조성비, 조성되는 토지의 경사도가 10도일 때 산지복구비, 개발행위 허가에 따른 지역

개발공채, 이행보증금, 면허세 등이다.

이 밖에도 개발부담금, 기반시설부담금 등이 있다. 물론 2008년 이후부터는 허가받은 건축물은 기반시설부담금을 부과하지 않는다고 한다.

신축을 하려면 서류도 갖춰야 한다. 토지이용계획확인서, 등기부등본, 토지대장, 지적도, 임야대장, 임야도, 건축물대장, 개별공시지가 확인원 등이다.

주택 신축 시 사용승인 허가 완료일로부터 60일 내로 취득세도 자진 신고해야 한다. 토지취득세는 4.6퍼센트, 토지취득 후 지목 변경이 이뤄지면 2.2퍼센트, 신축 관련 취득세는 3.16퍼센트 수준이다.

시골집을 사는 것도 어려웠는데 신축하려면 그 과정에 못지않은 절차가 필요하다. 아무래도 왕초보인 내게는 무리다.

8장

내 꿈을 이룬 시골집,
그 안의 일들

짜장면은 오지 않고 있는데
손님은 한 가득이다.
방을 터서 거실을 만들어놓길
잘 했다고 생각했다.
상을 펴고 주스와 과자,
맥주와 안주 등을 펼쳐놓으니
수다판이 벌어졌다.

'충격', 할머니의 이사

"할머니. 이 방에 쌓여 있는 것도 할머니 짐입니까?"

할머니는 여지없이 고개를 끄덕였다. 이삿짐을 나른 인원은 총 다섯 명. 우리는 모두 할머니가 싸놓은 짐들에 경악했다.

"내 평생 모은 기다. 하나도 안 버릴 끼다."

고집을 부리는 할머니 때문에 짐이 많을 거라는 예상을 했지만 이 정도일 줄이야. 박스마다 꽁꽁 테이핑을 해서는 줄로 싸매 놓은 짐이 수십 개였다.

난 억장이 무너졌다. 텔레비전에서 별난 사람들을 보여주는 프로그램에 소개된 '쓰레기 할머니'를 망볼게 할 정도로 짐들이 싱상했기 때문이다. 아깝다는 마음에 모았다고는 하지만 빈 페트병이며 쇼핑백 등이 박스에 가득 차 있는 것을 보니 울컥 화가 난다. 사람의 욕심이 무섭게 느껴졌다.

정작 손녀인 나는 경악했는데 의외로 이삿짐을 나르기로 한 사람들은 담담한 표정이다. 그렇지만 다들 혀를 내둘렀다. 시골집 이사에 이골이 난 황 사장 부부는 "한번 날라보지 뭐" 하며 팔을 걷어 부친다. 시골집 리모델링 달인들의 내공은 정말 놀라웠다.

"우리가 시골집 고칠 때마다 쓰레기가 말도 못하게 나오거든요. 차로 몇 대는 실어 날라야 깨끗해져. 시골집은 어쩔 수 없어요."

시골집 쓰레기에 있어 산전수전 다 겪은 황 사장 부부는 '이런 일은 더 이상 놀랍지 않다'는 반응이다. 심지어 "한 차 날라주고 약속이 있어 갈려고 했더니 안 되겠네" 하시며 웃는다. 난 웃음도 안 나오는데 말이다. 대단하다.

우리도 할 말을 잃었지만 말없이 짐 옮기기에 동참했다. 황 사장은 이런 광경은 어딜 가도 못 볼 거라며 사진을 찍어둘 것을 권했지만 나는 사양했다.

"우리 할머니가 이렇다는 걸 저도 보여주기 부끄럽네요."

너무 황당한 나머지 사진으로 남기고 싶지 않았다.

할머니는 같은 동네지만 아랫동네로 이사 가는 일이 너무 싫었던지 계속 이삿짐 나르는 길목에 앉아 꿈지럭꿈지럭 뭔가를 싸맨다. 하나라도 빠뜨리고 갈까 봐 다 지켜봐야 한단다.

"이렇게 당장 오늘 갈 줄 누가 알았나. 좀더 짐을 싸야 되는데."

이 짐에서 더 싼다고? 오, 안 돼. 할머니는 서운해하는 기색이 역력했으나 나는 이참에 다 정리하자 마음먹었다. 할머니는 사람들이 이삿짐 나르느라 고생을 하고 있음에도 전혀 미안한 기색도 없다. 어쩌면 좋을까. 이 꼬장꼬장한 할머니를.

황 사장의 소형 트럭이 다행히 대문 앞까지 들어와 무거운 냉장고나 서랍장도 옮길 수 있었다. 어릴 적 친구 아버지도 화물차를 가져와 짐을 옮겨주셨다. 우리도 부지런히 짐을 날랐다. 대충 종이박스를 버려가며 이삿짐을 날랐음에도 화분이며, 옹기며, 짐이 수도 없이 많았다. 그렇게 소형 트럭이 네 번을 오가고, 중형 트럭이 한 번 오가고 나서야 이사가 완료됐다.

모두들 돌아간 후에 레전드 님과 나는 마당에 앉아 한숨을 푹푹 내쉬었다. 마당에 산더미처럼 쌓인 짐이 정말이지 어마어마했기 때문이었다. 도대체 감당이 되지 않았다.

우리가 시름에 잠겨 있는 것을 본 할머니가 역정을 내셨다.

"내가 남의 것을 훔쳐왔나? 왜 자꾸 뭐라고 하노?"

뭐라 대꾸할 수가 없었다. 그렇다고 몸을 움직여 이 깊은 밤에 저 짐을 다 정리하는 것도 무리였다. 결국 할머니의 보물들은 마당에 쌓인 채 밤을 지새워야 했다.

우리는 이날 서울에서 남해까지 차로 여덟 시간, 이사에 약 세 시간, 무려 열한 시간을 움직였다. 강행군이었다. 이삿짐의 충격이 채 가시기도 전에 할머니는 또 한마디 했다.

"집이 꼭 기생 얼굴에 분칠한 것 같네."

아무래도 우리 할머니는 욕쟁이 할머니의 소질이 엿보인다.

다음 날도 새벽부터 할머니는 마당에 부려놓은 짐들을 점검하고 있다. 밤새 이슬을 맞을까 봐 걱정돼 잠을 못 주무신 모양이다. 빗자

루를 하나 들고 이리저리 살피고 있다.

"집이 영 못쓰겠다. 겉만 번지르르하지 못생겨 갖고."

불만에 심통이 가득 찬 표정이다.

우리는 이 모든 짐들을 아래채에 있는 방에 쌓아놓기로 했다. 짐을 몇 개 열어본 결과 종이상자나 오래된 냄비, 빈 사탕병 따위였다. 심지어 초등학교 때 내가 숫자 연습을 하던 공책도 나왔다. 버리자니 아까워서 다 모아놓은 게 분명했다.

"놔둬라. 버리더라도 내가 버릴 끼다. 내 죽고 나면 정리해서 버리든지 해라."

나는 좌절할 뻔했다. 그래도 힘을 내서 부지런을 떨었다. 특별히 안채에서 쓸 짐이 아닌 것으로 보이는 것은 아래채에 쌓았다. 아침부터 움직였더니 다행히 오전에 마당은 어느 정도 정리가 됐다.

셀프 리모델링을 아시나요?

시골집 리모델링이 마무리됐지만 왠지 아쉬움이 남았다. 그러나 또 사람을 부르자니 부담이 됐다. 비용을 절감할 수 있는 방법이 없을까 궁리하던 끝에 나는 혼자 리모델링하는 법을 배우기로 했다.

페인트칠과 타일 작업에 도전해보자. 사람을 부르면 일단 기본 인건비만 10만 원이 넘는데 혼자 해보면 생각보다 어렵지 않다. 완벽하게 잘 하겠다는 욕심만 버린다면 오케이.

다만 인터넷으로 주문하다가 실수로 그만 레전드 님 집으로 보내는 바람에 아주 고생을 했다. 아침에 배송 문자를 받고 나서야 나는 뭔가 잘못된 걸 느꼈다. 하지만 이미 돌이킬 수 없는 일이었다.

나는 얼른 레전드 님에게 전화를 걸었다.

"미안해요. 착오가 있었어."

레전드 님이 약간 장난스러운 말투로 물었다.

"이 물건들을 이쪽으로 보낸 저의가 뭐야?"

"미안해요."

무거운 타일과 페인트들이 몇 상자나 배송됐기 때문에 실어 나르는 고생이 추가됐다. 그런데 실제 페인트칠과 타일 작업은 인터넷으로 물건을 똑바로 주문하는 것보다 쉽다.

일단 내가 원하는 자재와 색깔로 오래된 장독대와 광 건물 벽을 바꿔보기로 했다. 특히 광 건물 벽의 외양간 창문은 팥죽색 페인트가 흘러서 마치 핏자국 같아 아주 흉물스럽다.

인터넷으로 산 페인트를 칠하는 법은 그리 어렵지 않았다. 인터넷으로 찾아보니 젯소라는 흰색 페인트를 바르고 색깔 페인트를 칠한다. W모양으로 칠하되 처음부터 완벽하게 칠하겠다는 생각을 하지말고 옅게 일단 초벌로 칠한다. 한 번 말리고 나서 두 번째로 칠하면 얼룩 없이 깨끗하게 칠해진다.

페인트는 사랑스러운 색으로 미리 준비했다. 프렌치레몬과 파우더블루, 민트색 결로페인트를 사고 각종 페인팅 도구 세트를 샀다. 주된 목적은 '팥죽색 없애기'였다. 이전 주인의 팥죽색 취향이 너무 싫었던 나는 그걸 반드시 없애리라 결심했었다. 그리고 오래된 장독대역시 칠하기로 했다.

페인트칠 초보였지만 설명서를 따라 하니 그런대로 재미있었다. 장독대와 광 건물 곳곳에 젯소를 발라 구석구석 갈라진 틈을 덮고 메웠다. 젯소라는 하얀색 페인트는 일종의 도화지를 만드는 역할을 했다. 페인트가 잘 붙도록 하는 바탕 작업인 셈이다.

팥죽색이던 외양간 문과 장독대가 하얗게 변했다. 햇빛이 좋아서 젯소를 바른 지 얼마 되지도 않아 금방 말랐다.

이번에는 프렌치 레몬 결로페인트를 발랐다. 결로페인트는 이슬이 맺히는 현상(결로)이나 곰팡이가 피는 것을 방지해주는 페인트라고 한다. 색깔도 곱고 발림성도 좋다.

장독대와 외양간 문을 레몬색으로 칠하자 집이 한결 밝아 보였다. 의외로 페인트칠은 간단한 작업이었다.

"어제 이삿짐 나르기에 비하면 정말 쉬운 일이야, 이거."

어제 일이 정말 힘들었는지 레전드 님이 말했다. 내친김에 파우더 블루 페인트로 벽도 다 칠해주겠다고 했다. 페인트 작업에 돌입한 지 두 시간 남짓 만에 이렇게 아름다운 외양간이 탄생했다.

멀리서 보면 시골집 외양간이 아니라 외국에 있는 집 창문이라고 봐도 될 듯하다. 페인트칠의 위력은 솜씨 좋은 여자의 화장술 같다. 정말 감쪽같이 달라졌다. 누가 흘린 건지 뚝뚝 떨어져 마치 핏자국 같이 무섭던 팥죽색 외양간 창문은 한순간에 샤방샤방한 분위기가 됐다.

장독대 역시 상큼한 프렌치 레몬색으로 탈바꿈했다. 원래 민트색으로 칠해져 있어 그다지 나쁘지는 않았으나 오래된 페인트칠이 군데군데 벗겨져 있어 지저분했다. 잠깐의 페인트칠에 장독대는 귀여운 모양이 됐다.

다음은 타일 깔기 도전! 타일 깔기 역시 생각보다 어렵지 않다. 나는 인테리어용 접착식 타일과 일반 타일 두 가지를 넉넉하게 사들였다. 노란색과 하늘색 등 화사한 색으로 골랐다. 타일 줄눈제, 접착제 역시 세트로 준비했다.

그러나 산더미 같던 인터넷 주문을 실수로 잘못해서 고생을 했는데 타일 접착제는 배송까지 잘못돼 버렸다. 남해로 내려가는 도중에 배송 연락을 받아 접착제가 필요한 일반 타일은 붙일 수 없게 됐다.

그래서 아쉬운 대로 접착식 타일을 활용하기로 했다. 현관 앞에는 노란색 타일을 깔았다. 이 접착식 타일은 정말이지 무척 편리하다. 타일을 붙일 면을 깨끗이 닦고 양면 접착테이프가 붙어 있는 타일을 주르륵 놔본다. 사이즈를 맞추는 것이다. 그리고 나서 가위로 일정 크기만큼 잘라서 놓고 차례대로 붙인다. 이건 어린이도 할 수 있을 것 같다.

그다음에는 줄눈 시멘트를 치약 농도로 반죽한다. 고무장갑을 끼고 시멘트를 타일 위에 마구 바르면서 착착 틈새를 메운다. 손으로 막 하면 되기 때문에 전혀 어렵지 않다. 레전드 님은 타일들이 다 붙은 채로 떨어져버릴 것 같다고 불안해했지만 줄눈제는 일종의 시멘트이기 때문에 괜찮다. 꼼꼼히 틈새 없이 메워주는 것이 중요하다.

그렇게 꼬들꼬들하게 말려뒀다가 나중에 물에 적신 스펀지로 한 차례 닦아낸다. 그러면 타일 표면은 깨끗해지고 줄눈제 부분은 더 밀착력이 좋아진다. 하룻밤 자고 나서 깨끗하게 마른행주로 쓱싹 닦아내면 짜잔, 귀여운 노란색 타일이 덮인다. 참고로 나는 마른행주가 없어서 목장갑을 끼고 닦았는데 아주 편했다.

주의할 점은 타일용 시멘트가 손에 닿으면 손이 급속도로 늙는다는 점이다. 손이 쪼글쪼글, 거칠어진다. 반드시 장갑을 착용해야 한다. 고무장갑이 제일 튼튼하고 좋다.

시간이 부족해 나머지 타일 작업은 하지 못한 채 일단 아래채에 넣어뒀다. 나중에 축담에도 타일을 붙여 깨끗하게 단장하면 좋을 듯하다. 이번에 산 타일 중에 투박하고 무거운 노란색 타일을 쓰면 현관 앞 노란 타일과 장독대가 어울릴 것 같다.

처음에는 비용 부담 때문에 내 손으로 집 꾸미기에 나선 것인데 셀프 인테리어, 은근히 매력 있다. 조금씩 조금씩 내 손으로 고쳐나가는 맛. 시골집의 또 다른 재미인가 보다. 하루 동안 페인트칠과 타일 작업만으로도 눈에 띄게 달라진 모습을 보니 왠지 자신감이 생겼다.

처음 해본 페인트칠과 타일 작업이 서투른 건 어쩔 수 없다. 그러나 하루 만에 시골집은 생얼을 덮고 고운 화장발을 받고 있다. 할머니는 기자를 그만두고 남해에 내려와서 이쪽 일을 하라며 모처럼 웃었다.

투자한 재료비는 총 40여만 원. 일단 재료 절반을 새어뒀으니 낭장의 페인트칠과 타일에 들어간 비용은 약 절반 정도다.

자, 총비용은 얼마나 들었나

이제 시골집은 조금 깨끗한 모습으로 바뀌었다. 새로 만든 거실 내부는 한옥 기둥이 보이는 깔끔한 모습으로 달라졌다.

통창을 활짝 열면 바람도 시원하게 들어온다. 마루처럼 동네 분들이 앉아서 대화하기에도 좋다. 현관문도 생겼지만 할머니는 창문을 넘어 다니고 있다. 그래도 외출할 때는 잠그고 나갈 수 있도록 했다.

한옥 스타일의 거실은 누워 있으면 편안한 기분이 든다. 널찍해서 여러 명이 모여 앉아 수다 떨기에도 좋다. 명절에 전을 부치거나 친구들끼리 고기를 구워먹어도 될 듯하다.

거실과 연결된 방은 조금 좁아 보이지만 침실로 쓰기에는 좋다. 그리고 무엇보다 좋은 점은 창문을 열면 거실 창문이 확 트여 있어 마당을 내다볼 수 있다. 보일러를 새로 깔았기 때문에 난방에도 문제가 없다. 방문과 거실 창문이 두 겹이니 외풍 차단 효과가 있어 추운 겨울에도 끄떡없을 것이다.

이번에는 화장실이다. 우선 네모 난 세면대가 마음에 쏙 든다. 예쁜 타일도 깔려 있어서 기분이 좋다. 따뜻한 물도 잘 나오고 바로 들어가서 수도를 틀고 빨래를 해도 좋다. 무엇보다 새 변기를 설치했기 때문에 재래식 화장실 걱정은 뚝. 물론 재래식 화장실은 아직도 우리 집 대문 옆에 그대로 있다.

지금까지 들어간 총비용을 대략적으로 집계해보기로 했다. 은행이자 비용과 미래에 추가로 리모델링에 들어갈 비용은 제외하는 게 나을 것 같았다. 지금까지 들어간 것만도 머리가 어질어질할 텐데.

정리하고 보니 리모델링 비용과 기타 비용을 제외하면 집을 사는 데만 들어간 비용은 4464만 원이다. 사실 처음에 외제차를 산 셈 치자고 아주 단순하게 마음먹은 것과 달리 심신은 상당히 고달팠다.

심플하게 살자. 나는 생각도 삶도 단순하고 간단한 것이 좋다. 이런 많은 일들이 짧은 시일 내에 집약돼서 일어날 줄은 생각도 못했다.

전혀 관심도 없던 부동산 공부를 하게 된 것은 물론이고 삶에 대한 생각도 매일 했다. 어떻게 사람들을 만나고 주변 사람들이 얼마나 소중한 인연인지, 어떻게 늙어가야 할지를 배운 시간이었다. 그걸 다 합치면 이 비용만으로 결코 저렴히다고 힐 수는 없는 가격이나. 저지르고 나니까 비로소 그 모든 것들이 보였다.

나중을 위해서라도 총비용을 표로 만들기로 했다. 바로 한눈에 파악하기 위해서(228쪽 참조).

총비용 표

지출 내역	지출 비용
집값	4300만 원
부동산 복비	50만 원
취등록세 등 각종 법무사 비용	114만 원
거실+화장실+전기판넬 등 리모델링 비용	800만 원
전기 배선비(초인종, 센서등 추가)	34만 5000원
기름보일러 시공	70만 원
도배비	9만 원
기름보일러 기름	25만 원
가스레인지 연결	21만 원
조명(욕실등, 하늘색등, 실외등, 실내등)	12만 3900원
페인트, 타일 비용	40만 8000원
꽃나무 등	3만 원
이사 비용	25만 원
기타 생활용품, 화단 가꾸기 도구	2만 5000원
총합계	**5507만 1900원**

"아이고. 우리 집에 차가 들어오네."

이사 둘째 날 저녁. 윙 소리와 함께 전동차를 탄 친척 할머니가 들어오신다. 손녀를 데리고 집 구경을 오셨다. 다리가 편찮으셔서 전동차를 타고 다니다 보니 아무래도 기동력이 있다.

할머니가 반색을 하신다. 윗동네에서 아랫동네로 이사 와서 풀이 죽어 계셨는데 기운이 나신 모양이다. 두 할머니는 한동안 대화를 나눈다.

"아이고 집 좋네. 아래채도 괜찮네. 내가 이 집으로 이사 올란다."

할머니는 요즘 손녀딸들 기우기가 힘들다며 아래채에 화장실만 넣어달란다. 이사를 오시겠다며 큰 소리로 바람을 잡으신다.

우리 할머니도 장단을 맞추며 역시 큰 소리로 말씀하신다.

"밥은 내가 할 터이니 몸만 와라. 내가 다 한다."

본인 식사도 겨우 챙겨 드시면서 큰 소리를 뻥뻥 치신다. 마침 손님이 오셨으니 우리는 저녁을 먹기로 했다. 그런데 이 동네. 짜장면

배달이 된다. 레전드 님은 "철수네가 시켜 먹던 그 짜장면인가" 하고 재미있어 한다.

예전에 독일마을을 배경으로 찍은 드라마 〈환상의 커플〉 이야기다. 드라마에서 여주인공으로 나온 한예슬이 유독 짜장면을 좋아했다. 순간 헝클어진 머리를 하고 입 주변에 짜장을 묻히며 짜장면을 먹던 여주인공의 모습이 떠올라 피식 웃는다.

그 짜장면집은 아닌데 새로 생긴 곳이 있단다. 전화번호를 받아 주문을 넣었다. 알고 보니 집에서 차로 약 2~3분 거리다. 요즘 워낙 손님이 많아 시간이 좀 걸린단다.

한참 수다를 떨며 놀고 있는데 오후 7시 30분쯤 되자 또 다른 동네 어르신 한 분이 소주와 과자 한 봉지를 들고 들어온다.

"아이고. 이게 누고."

큰 소리로 인사가 이어진다. 랩배틀에 버금가는 인사가 오가자 레전드 님은 30퍼센트도 못 알아듣겠다며 신기해한다. 그러면서 한편으로는 싸우는 거냐며 걱정을 하는 표정이다.

남쪽 사람들 특유의 인사법이라고 나는 그럴듯하게 설명했다. 실제로 도시에서 온 사람들은 남해 사람들의 대화를 들으면 깜짝 놀란다. 큰 소리로 시원시원하게 내뱉은 인사말이 그리 곱지만은 않은데도 정감 어리게 잘도 주고받기 때문이다.

"이 할마시가 여기서 한 백 살은 넘게 살겠다. 안 죽어서 큰일이네."

이런 식이다. 그러면 할머니는 "와. 천년만년 살란다. 불만이가" 하며 농을 받는다. 내가 말하면 사소한 데도 상처받으면서 저런 말은 잘도 받아넘긴다.

레전드 님이 종이컵을 사오겠다며 가게로 나갔다. 잠시 후 문자메시지가 왔다.

'동네 아주머니 네 명 정도가 그쪽으로 이동하고 있음.'

아니나 다를까. 몇 분이 지나자 동네 아주머니들이 줄줄이 들어온다.

"집 좀 봅시다. 형님. 새집 생겨서 얼마나 좋노."

"마당이 넓어서 좋네. 형님. 죽기 전에 호강한다."

우리 할머니는 아흔 살이 넘기에 마을에서도 제일 연장자다. 왕언니인 셈이다. 알고 보면 다 친척이기 때문에 이쪽에서도 형님, 저쪽에서도 형님이다.

어느새 집안이 북적북적해졌다. 짜장면은 오지 않고 있는데 손님은 한 가득이다. 방을 터서 거실을 만들어놓길 잘 했다고 생각했다. 상을 펴고 주스와 과자, 맥주와 안주 등을 펼쳐놓으니 수다판이 벌이졌다.

조금 지나자 짜장면이 도착했다. 탕수육과 만두 등을 합치니 각자 그릇에 덜어 먹을 정도는 됐다. 순식간에 예상치도 못한 깜짝 집들이가 열렸다.

"그동안 오며 가며 열 번 들여다봤던 게 이제는 한 번 정도 되겠네" 하며 다들 아쉬워한다. 마을회관과 가까우니 자주 놀러오자고 인사를 한다.

또 다른 할머니는 이웃집에 가서 아는 분을 불러왔다. 친하게 지내라며 소개를 해준다.

"매일 놀러와. 집에 민박 주고 나면 여기 와서 자고."

할머니도 자주 놀러오라고 청한다. 북적북적한 집들이 덕분에 짜장면이 더욱 맛있게 느껴진다.

"누가 밥을 해줄까 싶어 저녁을 먹고 왔는데 그래도 한 젓가락 먹어보자" 하시며 너도나도 거든다. 많은 양의 음식은 아니지만 즐겁게 먹어서 다행이다.

이 분들이 자주 놀러올 수 있도록 거실에 재미난 것을 달아야겠다.

14년 만에 다시 생긴 나와 할머니의 집

　석가탄신일 연휴 마지막 날, 나는 잠을 설쳤다. 할머니가 밤새도록 텔레비전을 껐다 켰다 반복하는 통에 잠을 잘 수가 없었기 때문이다.

　할머니는 이사하느라 이틀간 텔레비전을 못 봐서 욕구 불만에 시달리고 있던 참이었다. 아침부터 할머니를 위해 텔레비전을 연결했다. 좋아하신다. 천만다행이다. 할머니는 텔레비전을 큰 소리로 켜놓고 마당에 앉아 있다. 평화롭고 화창한 아침에 클래식 연주곡이 온 마당에 퍼진다. 앵무새 써니도 옆에 놔두고 있다.

　써니는 할머니가 적적할까 봐 사다 드린 썬코뉴어 앵무새다. 예전에 내가 데리고 있을 때는 아주 귀엽고 착한 새였는데 지금은 심술궂게 바뀌었다. 할머니가 교육을 잘못 시켜서 그렇다. 할머니는 써니에게 "가라, 가라"를 가르쳐 손님을 내쫓게 한다. 손님이 오면 써니는 두 발을 동동거리며 "가라, 가라"를 외친다. 써니는 서울에서 태어난 새인데 지금은 경상도 억양을 쓴다. 할머니 귀에 소리를 자꾸 질러서 가는귀를 먹게 하기 때문에 작은 새장에 넣어줬다.

이날도 아침부터 떠들어대서 마당에 내놨다. 아침 내내 써니 녀석 고함을 지르며 울어대더니 할머니 옆에서는 그나마 조용하다.

이렇게 해서 나의 시골집은 완성됐다. 할머니 방과 거실 겸 방, 화장실, 부엌, 장독대 등이 본채를 이루고 있다. 나는 종종 들러 거실 방을 이용할 계획이다.

서울 오피스텔에 있는 책장을 옮겨놓는 것도 좋을 듯하다. 책이 많으면 아이들이 놀러오기에도 좋을 것 같다. 그리고 이중창이 넓게 돼 있어 여름에 창문을 열어두면 시원하게 마루로 활용할 수 있다.

할머니는 옆에 붙은 현관문보다 창문을 출입구로 사용하고 있다. 부엌도 지저분한 벽지를 떼고 원목 무늬 시트지를 붙여 깨끗하게 정리했다. 초보라 시트지가 좀 구겨지긴 했지만 대충 붙였다.

가스레인지 연결도 마쳤다. 도시가스가 없어 가스통을 추가하느라 비용이 두 배로 들었다. 깜박깜박하는 할머니를 위해 15분 타이머를 달았다. 가스 불을 켠 지 15분이 지나면 자동으로 꺼진다고 했다.

요강을 쓰는 할머니의 습관도 차츰 없어지려나 싶다. 방 바로 옆에 화장실이 있어 조금 수월하지 않을까. 나중에 할머니 방에서 화장실로 연결되는 문을 달아줘야겠다.

가장 마음에 걸리는 것은 텃밭이 너무 척박하다는 것이다. 할머니가 가꾸기 쉽도록 보드라운 흙으로 단장해주고 싶었으나 비용 때문에 못해준 점이 아쉽다. 아쉬운 대로 내가 인터넷에서 주문했던 나무들을 심어놨는데 생각만큼 땅이 길들지 않아서 다 심지 못했다.

당분간은 대형 나무 화분 두 개에 채소와 꽃을 심는 것으로 적적함을 달래는 수밖에 없다.

아직 시골집은 촌스러움을 유지하고 있다. 낡은 지붕과 허름한 철대문, 오래된 아래채가 남아 있다. 부엌도 아직 손대지 못한 공간이다. 그러나 앞으로 이 모든 장소는 할머니 손때가 묻고 길이 들면 모든 것들이 정감 있는 풍경이 될 것이다.

서울로 버스를 타고 오는데, 밴드를 붙인 주름지고 굳은 살 박힌 할머니의 손이 떠오른다. 매일 밥을 주던 고양이가 이사하는 날 아침에 밥을 주니 할퀴었다고 한다. 고양이도 이사 가는 것이 서운했나.

할머니의 거친 손이 집 안 곳곳을 쓰다듬으며 오랫동안 살 수 있도록 나는 앞으로도 마음을 쓸 것이다.

"내가 몇 년이나 이 집에 살겠노. 내일모레 죽을지도 모르는데."

"할머니. 이 집 말이야. 기본 3년 넘게 살아야 돼."

"3년?"

"3년은 세금 때문에 무조건 살아야 하고, 일단 집을 샀으니 10년은 살아야지."

"몰라. 내가 그때까지 살 수 있을까."

"당연히 살아야지. 할머니 아니면 내가 여기 집을 왜 샀겠어."

"내가 죽어서 갚을 끼다."

"죽거나 그래 봐요. 다 물어내라고 할 거야."

이 대화는 나중에 읽으면 가슴이 아플 것 같다. 할머니의 치매가

심해져서 나와 살았던 옛 기억을 다 잃어버릴 수도 있다. 누군가는 치매기 있는 노인을 혼자 둔다며 비난할 것이다. 더 편찮으시면 병원에 모셔야 할 날이 있겠으나 지금 나는 이게 맞다고 생각한다.

전화 연결을 마치고 나서 전화통화를 했다. 투덜대는 할머니 때문에 힘들었다고 하니 할머니는 이렇게 말했다.

"내가 집 생긴 게 반갑고 좋은데. 미안하고 부끄러워서 말을 못하겠더라. 괜히 고생하는 애들한테 마음에도 없는 소리만 해대고. 우짜노."

할머니 목소리가 풀이 죽어 있다.

"어쩌긴. 깨끗하게 청소 잘 하고 편하게 쓰면 되지."

고향 마을에서 할머니 마음대로 움직이며, 아는 사람들과 어울려 여생을 보내는 것이 좋다. 어쩌면 그것이 내가 해드릴 수 있는 마지막 선물일지도 모른다.

일단 이렇게 마음대로 살아보자. 할머니.

9장

시골집, 내 인생에
변화를 일으키다

세련되고 야무지고,
손에 흙 묻힐 일 없는
도시 사람이 아니라
철마다 방울토마토를 심고,
커튼을 만들어 달고,
때로는 빨간 고추를 햇빛에
널어 말리는 사람이 될 것이다.

너무 알뜰해진 거 아닌가!

인생의 방향키 같은 것이 미묘하게 바뀌는 찰나를 느껴본 적이 있는가. 순간순간의 미묘한 각도가 점점 커져서 거대한 삶의 방향을 바꾼다는 생각이 든다. 가만히 멍 때리고 있으면 알 수 없는 변화다.

시골집을 사고 난 뒤 나는 어설픈 골드미스 생활을 청산했다. 가장 큰 변화는 소비 패턴의 변화다. 주머니를 탈탈 털어서 이른바 '오링'을 당했기 때문이기도 했지만 소비에 앞서 적어도 생각이라는 것을 좀 하는 편이다.

예전에는 주말에 심심할 때면 홍대 앞 보세 옷가게 거리를 돌면서 3~10만 원짜리 옷들을 사들이곤 했다. 보세 옷가게들은 쭉 늘어서 있기 때문에 쇼핑 시간이 짧다. 마음에 드는 옷들을 사다 보면 카드 회사에서 전화가 온다. 너무 빠른 시간 내에 카드가 다섯 차례 이상 사용되는 바람에 도난, 분실 여부를 확인하는 전화다.

하지만 요즘은 가급적 옷을 사지 않는다. 지나가다 잠깐 구경만 한답시고 옷가게에 들어갔다 충동구매 하는 경우도 없다. 아주 마음에 드는 경우라도 한두 번쯤 생각해보고 구입을 결정한다. 어차피 옷장에 있는 옷들을 하나씩 돌려 입으면 아마 3년 동안은 족히 입을 것이다.

친구들과 함께 놀러 갔던 호텔 여름 패키지도 올해부터는 그만뒀다. 친구와 나는 그때가 호황이었다며 아쉬워한다.

호황이던 지난해 여름. 우리는 시내 중심가의 유명 호텔의 수영장을 구경 가려고 30만 원대 호텔 패키지를 과감하게 질렀다. 리모델링을 대대적으로 한 호텔인 만큼 수영장도 아주 멋질 줄 알았다. 야자수가 심어져 있고 조명이 빛나는 야외수영장을 기대했던 우리.

큰마음 먹고 비키니 수영복도 샀다. 그런데 비키니를 원피스 안에 입고 수영장에 갔더니 한 아이가 아빠와 수영 연습을 하고 있을 뿐이었다. 목소리가 쩌렁쩌렁 울리는 실내수영장이었다. 우리는 좌절한 채 발길을 돌렸었다. 그러고는 욕조에 물을 받아놓고 한 번씩 들어가 물장구를 쳤다.

다소 슬프지만 재미나고 부르주아 같은 이런 소비도 이제 안녕이다. 나도 그리스, 스페인 같은 유럽 국가들처럼 긴축 재정이 필요한 시기니까.

화장품은 말할 것도 없다. 향이 좋아서, 색깔이 예뻐서 갖은 이유를 대며 수입 화장품을 사들이는 일도 없어졌다. 아주 좋아하는 화장품이 아니라면 국내 브랜드 화장품 쪽으로 눈을 돌렸다. 의외로 예쁘고 가격도 착한 화장품이 많아 만족하고 있다.

나의 하루도 바뀌었다. 기자가 된 후로 나는 출근할 때마다 최대한 게으름을 부리다가 택시를 타고 나오기 일쑤였다.

바쁘다는 핑계, 노트북 컴퓨터가 무겁다는 어리광, 돈 벌러 가는데 출근하는 것까지 힘들고 싶지 않다는 막무가내식 합리화. 이 모든 것이 합쳐져 택시 출근을 당연하게 여겼다. 그런데 이 고질적이던 습관이 고쳐졌다. 어느새 나는 아침마다 지하철을 꼬박꼬박 탄다. 대중교통을 이용하면서 약간 걸어가는 일도 힘들지 않다.

수입과 지출에 대해 고민하기 시작한 것도 새로운 변화다. 시골집을 사느라 대출을 받았기 때문에 저축을 하기 어려워진 나는 빠른 상환을 재테크의 목표로 삼고 있다.

평소 나는 꼬박꼬박 저축을 잘 하는 성격이 아니다. 재테크 책과 기사는 열심히 찾아 읽는데 재테크 실력은 영 꽝이다.

월급의 절반은 뚝 떼어 저축하라는 재테크 고수들의 말을 기억하다가도 정작 월급이 늘어오면 쓸 곳부터 생각한다. 선저축 후지출! 말이 쉽지 실천하기에는 아주 어려운 과제다.

서울에서 지내 생활을 해보면 절약이 얼마나 어려운 일인지 실감할 수 있다. 우선 급여의 80~100퍼센트는 생활비와 집세 등으로 일단 빠지고 시작한다. 가급적 집에서 밥을 해먹고 커피 값도 아끼고, 대중교통을 활용하라는 재테크 조언들은 나와는 아주 머나먼 이야기였다.

회사 생활을 하다 보면 점심, 저녁 모두 외식이 불가피하다. 물론 선배나 상사, 취재원이 밥을 사주는 자리도 있다. 그러나 인간관계라는 건 얻어먹을 때가 있는가 하면 살 때도 있으니까. 또 여타 친구들과의 약속, 모임 회비 등을 고려하면 외식비가 줄어드는 것도 아니다. 어쩌다 집에서 밥을 해먹으려고 하면 1인분 요리하기가 만만치 않다. 재료 값이 더 든다.

커피 값도 아끼기 어렵기는 마찬가지다. 점심 먹은 후에 사람들과 마시는 커피 값을 아끼려고 혼자 안 먹기도 뭣하다. 인간관계 유지하기가 쉽지 않다. 커피 브랜드를 바꾸는 것 정도는 할 수 있겠다.

대중교통도 그렇다. 업무상 저녁 자리가 늦게 끝나는 날이면 택시를 이용하게 된다. 기자 일을 하다 보면 택시비만 해도 한 달에 20만 원 정도는 훌쩍 나간다. 대중교통을 이용하기 시작하니 10만 원 이상 저절로 절약이 됐다.

주식형 펀드나 각종 저축상품도 가입했다가 해지하기 일쑤다. 이러니 남은 돈에서 절반을 뚝 떼어 저축에 쏟아붓는 것은 보통 내공이 아니면 힘들다고 봐야 한다. 지금은 좀 어렵지만 나중에는 다시 저축상품에 가입할 날이 오지 않을까.

그러나 이런 '무늬만 재테크'를 실천해오던 나는 좀 달라졌다. 소비를 줄이고 최대한 상환을 위해 사용하는 것이다. 하루에 얼마를 썼는지, 이번 달에 얼마를 써야 하는지 꼼꼼히 계획을 세운다.

돈과 관련된 변화만 생긴 것은 아니다. 가족에 대해서도 생각하게 됐다. 사실 어릴 적 부모님과 떨어져 할머니와 살아서인지 가족에 대한 애틋함은 별로 없었다. 할머니에 대해서도 내가 크게 보살피고 있다는 생각을 해본 적도 없다.

그런데 할머니를 위해 내가 이렇게 꼼꼼하게 시간을 투자해서 움직일 수 있다니. 조금 놀랐다. 나는 앞으로도 할머니가 사는 동안 좀 더 행복할 수 있도록 내 삶의 한 부분을 기여할 수 있을 것 같았다.

또 다른 예상치 못한 부분도 달라졌다. 요즘 식물을 눈여겨보기 시작했다.

나는 식물을 잘 못 키운다. 아무리 애정을 줘도 이상하게 식물이 죽어버려서 화분은 기피하는 편이었다. 그런데 요즘 예쁜 꽃이나 싱그러운 나무를 보면 이런 생각이 든다. 텃밭에 심으면 참 예쁠 거야.

인테리어 자재에도 관심이 많아졌다. 남자 친구인 레전드 님도 비슷한 증세를 겪고 있어서 우리는 인테리어를 유심히 본다. 카페나 펜션을 봐도 원목이나 벽돌, 바닥재, 창틀까지 스캔한다. 시골집을 하나하나 꾸미는 일은 즐거운 취미가 됐다.

어설픈 골드미스를 버리고 얻은 변화는 꽤 크다. 허술하던 생활은 던던해지고 착실해졌다. 나는 마치 야무진 30대 '개념 미스'가 된 것처럼 생각이 깊어졌다. 아이처럼 철없이 소비하면서 재미있는 일을 찾던 나는 새로운 변화에서 재미를 느끼기 시작했다.

생활의 발견, 남해

더더욱 신기한 것은 시골집을 사고 나서 마음이 편해졌다는 것이
다. 원래는 집을 사면 큰일이라도 생길 줄 알았다. 그런데 아무 일 없
이 평온하기만 하다.

하우스푸어가 돼서 생활이 **빡빡**하고 불행할 줄 알았는데 의외로
그렇지 않다. 오히려 마음은 더욱 편해졌고 여유가 생겼다. 특히 마
음 한쪽에 시골이 있어서인지 도시 생활이 더 이상 팍팍하게 여겨지
지 않는다. 어린 시절을 시골에서 보낸 나는 도시 한복판에서도 마
음이 뻥 뚫린 듯 쉽게 외로움을 탔다.

이는 대학에 진학하면서 서울 생활을 시작한 후 20대 초반부터
스스로 용돈을 벌어 썼기 때문일지도 모른다. 앞에서도 말했듯이 나
는 꽤 힘들게 20대를 보냈다. 아르바이트로 만화책 대사를 일일이
오려 붙이기도 하고, 야동 시나리오로 추정되는 시나리오 교열 작업
을 하기도 했다. 명품 편집매장에서 명품 가방을 팔기도 했다. 당시
젊은 사장의 인성이 별로 좋지 않아 워낙 고생을 해서인지 다행히도

246

명품에 끌리는 정도가 덜하다.

그리고 학교 홈페이지에 아르바이트 공고가 뜨면, 뜨기 무섭게 열심히 지원을 했다. 고정 수입을 위해 인턴기자를 하기도 했다. 이건 나중에 내가 기자가 되는데도 도움이 됐다.

졸업하고 난 후 백수 생활을 할 때 나는 수많은 아르바이트 경험이 무용지물임을 깨달았다. 그 시간에 학교 성적과 토익을 잘 관리하는 편이 취업에 도움이 됐을 거라는 생각이 더 많이 들었다.

20대 대학생이 벌 수 있는 돈은 많지 않았다. 어떤 사장은 90만 원을 현금으로 주면서 10만 원을 빼고 주기도 했으니 사회생활은 냉정했다.

그래서일까. 도시 생활은 뭔가 긴장의 끈을 늦출 수 없는 느낌을 준다. 기자가 됐고 나이가 든 지금도 마찬가지다. 멍하니 있다가도 정신이 번뜩 들곤 한다. 아직도 마음속에 20대의 불안감 같은 것이 남아 있다.

물론 나이가 들면서 어려웠던 20대의 일들이 쌓이고 쌓여 마음은 성숙해졌다. 평소에는 작은 일에 잘 감동하지만 징직 근 사건이 생겼을 때 좀처럼 동요하지 않게 된 것도 그런 시절이 있었기 때문인 듯하다.

시골집을 사고 나서 그런 알 수 없는 허전함은 이제 여유로 바뀌었다. 가난했던 학창 시절을 거쳐 남해에 집을 샀다는 사실 때문에 뿌듯한 건지도 모른다. 나도 모르게 나를 대견하다고 여기고 있는 듯하다.

나는 한 달에 한 번에서 두 번 정도 남해에 간다. 버스를 타고 가거나 남자 친구인 레전드 님과 함께 가는데 이 역시 소소한 여행이된다.

휴게소에서 쉴 때면 종종 네 잎 클로버를 찾기도 하는데 레전드 님은 "거기 누가 오줌 쌌을지도 몰라" 하고 한마디 한다. 그러면 네 잎 클로버를 찾아 헤매던 내 손이 순간 멈칫한다.

진주로 향하면서 경호강 인근을 지날 때면 강변이 너무 아름답다. 삼천포대교가 바로 보이는 곳에서 바람을 쐬는 것도 좋다.

남해에 가서 나는 무엇을 하는가. 주로 할머니와 티격태격 다툰다. 할머니와 만나면 여지없이 5분 내로 싸우게 된다. 마음에 없는 말 때문에, 늙어가는 할머니 때문에, 구두 굽이 높다는 이유로 지지고 볶는다.

생각해보면 이런 다툼도 얼마나 오래갈지 알 수 없는 행복이다.

시골집에 대한 주변인들의 반응

시골집을 샀다고 등기부등본을 자랑했을 때, 남자 친구인 레전드 님은 나를 다시 봤다고 한다. 약한 척한 것이 절대 아닌데, 약해 보이는 평소 모습과 달리 야무지게 시골집을 사들이고 이사를 마치는 생활력에 놀랐다고 한다. 또 이런 독특한 일을 꾸미는 게 신기하다고 했다. 나는 그의 말에 이렇게 답했다. 알고 보면 나, 뇌가 예쁜 사람이라고.

친구들의 반응은 이렇게 나뉘었다.

1. 와. 짱이다
2. 다 컸네. 다 컸어
3. 니가 여자로 보이기 시작한다

어떤 친구는 감탄하고 어떤 친구는 기특해한다. 어떤 친구는 3번 같은 어이없는 농담을 한다.

이들은 한결같이 무작정 시골집을 질러버린 나의 행동을 놀라워했다. 나도 가끔 내가 놀랍다며 웃는다. 때로는 단순함이 놀라운 추진력을 발휘하게 한다.

나와 비슷한 나이대의 30대 친구, 선후배들은 대부분 나와 같은 고민을 하고 있다. 앞으로 뭘 하고 살까. 이대로 늙어도 괜찮을까.

이런 질문을 하는 친구들에게 나는 과감히 말한다. 질러버리라고. 생각났을 때 질러야지 안 그러면 까먹는다고. 늙으면 후회할지도 모른다고.

좀더 연세가 있는 지인들의 반응은 좀 다르다. 그들은 진지하다.

"정말? 얼만데?"

시골집을 사느라 벌여놓은 대출금이며, 향후 부동산 가격에 대한 전망을 걱정하는 말투 속에 노후 설계에 대한 걱정이 묻어난다.

그럴 때 나는 이렇게 대답한다.

"그게 말이죠. 걱정을 많이 했는데 의외로 지르고 나면 또 방법을 찾게 돼요. 일을 더 열심히 하고, 씀씀이도 줄이고."

이것은 사실이다. 아직 내가 잘 몰라서 그런지 모르겠지만 사실 그 집값이 크게 급등하기를 바라는 것은 아니다. 나는 로또를 산 게 아니니까.

그렇다고 수익에 대한 기대 없이 돈을 투자한 것은 아니다. 그 집을 매입한 후 일단 공시지가는 18퍼센트가 올랐다. 앞으로 집값이 어찌 될지는 알 수 없으나 손실은 아직 안 본 셈이다. 적절한 시점에 적절한 가격으로 되팔 수 있다면 괜찮은 투자라는 생각이 든다.

혹시 땅값이 하락하더라도 현재로서는 크게 개의치 않는다. 그 집은 세컨드하우스로서의 존재 자체로도 의미가 있으니까. 투기 목적이 아니라 투자와 실수요 목적인 셈이다.

시골집 가격은 아직 거품이 없어 폭락할 가능성도 희박하다는 것이 나의 생각이다.

남해의 여러 마을을 소개합니다

　남해는 어떤 곳일까. 우선 내가 시골집을 산 물건리에 대해 알아
보자. 삼동면사무소 홈페이지에 가면 남해군 삼동면에 포함돼 있는
마을에 대한 설명이 나와 있다.

　그곳에서 설명하는 물건리는 이런 곳이다.

병풍처럼 해안을 감싸듯 반월형을 그린 마을

　물건리 본 마을은 마을 생김새가 선비들이 바둑을 두며 놀고 있는 형태
이기 때문에 여자가 수건을 쓸 수 없다고 해서 물건이라고 부른다고 한다.
그리고 또 하나는 마을 뒷산 모양이 만물 '勿'자 형이며, 건은 산을 크게 보
면 병풍처럼 둘러싸인 가운데를 내(川)가 흐르고 있어 그 모양이 수건 '巾'
자라 하여 물건이라고 칭하게 됐다는 설도 있다.

　물건마을에는 천연기념물 제150호인 물건 방조어부림이 있다. 수령이 약
300년이 넘는 1만여 수의 수림이 1.5km를 넘는 해안을 감싸듯 반월형을
그려 대경관을 이루고 있는 곳으로 이 나무들은 약 1600년경 본 마을 주

민이 해안 일대의 방풍 방조의 필요성을 느끼게 돼 나무를 심고 철저히 보호 단속 관리를 하면서 양육하게 된 것이다.

약 100여 년 전 병술년의 대흉사 시 초근목피로 주민이 구명하였다 하여, 약 200여 년 전 국가고용전을 납부할 능력이 없어 동미공으로써 본 밀림을 벌채하여 공용권에 납부하였는데 불의의 대화재가 돌발하여 막대한 인명 피해를 입어 동리 전체가 폐농 지경에 이르게 되므로 동민이 각성해 철저히 보호하게 됐다고 한다.

이곳은 어린이들의 곤충채집 장소가 될 뿐 아니라 여름이면 더위를 피하는 피서객을 찾아볼 수 있다. 뿐만 아니라 저 멀리 방파제에서 세월을 낚으며 내일을 설계하는 많은 강태공을 만날 수 있으며 그들에겐 물건마을은 더없는 훌륭한 친구가 되고 있다.

또한 해맞이 장소로 새롭게 부상하고 있는 동천 고개의 경계지점에는 수평선 일출을 볼 수 있어 매년 1월 1일 새벽에는 해맞이 관광객이 몰려들어 한바탕 북새통을 이루고 있는 곳이다.

출처: 삼동면사무소 홈페이지 물건마을 소개

이 얼마나 매력적인가. 나는 20년 가까이 이 마을에서 자랐고 어린 시절을 보냈다. 지금도 아주 좋아하는 마을이다.

산위에 조성된 독일마을도 본 마을과 조화를 이루고 있다. 독일마을은 1960~1970년대 광부, 간호사로 독일로 간 교포들의 은퇴 후 생활을 돕기 위해 조성된 곳이다.

이 마을의 아침은 빨간 해가 수평선 옆 산에 걸치며 시작되고, 저녁은 보랏빛 공기가 온 마을을 감싸며 시작된다. 여름밤이면 개구리 울음소리, 벌레 소리가 들판을 메운다. 물을 댄 논에는 학이 내려와 앉아 한가롭게 먹이를 찾는다.

물건마을 외에도 아름다운 마을이 많다. 앞서 내가 시골집 후보 3순위로 꼽았던 금천마을만 해도 그렇다.

투망 한 번에 은어 열 마리 잡는 곳. 은어, 묵장어 노닐던 꽃내마을에서 내려 비단같이 아름다운 금천을 지난다고 해서 금천마을이다. 또 다른 이름은 노리목인데 적을 노리던 곳이라 해서 그렇게 불렀다고 한다.

금천마을 주민들은 "예전에 이 개울은 은어, 숭어, 피리 묵장어, 참게가 무지 많았던 곳"이라며 "다리 밑에 투망을 던지면 한 번에 은어가 열 마리씩 잡혀 즉석에서 회를 치고 매운탕을 끓여 밤이 으슥하도록 소주잔을 기울이곤 했다"고 설명한단다. 얼마나 아름다운 곳인가.

마을 설명을 보면 이런 노래도 나온다.

재주좋네 재주좋네 남해사람 재주좋네

하룻밤에 통문돌아 목앞에다 진을치고 만인간을 모아놓고

김장방이 모은군사 한윤서가 호걸일세

영포영포 김영포야 많은군사 다어쩌고 임술군만 낮잠자네

이 소리는 1989년 사망한 조금악 할머니에 의해 전해오던 구전민요라고 한다. 임진왜란으로 왜병이 침입해 오자 마을 주민 모두가 전투에 나섰다는 내용이다. 동네 설명에 노래가 소개되니 설명만 들어도 매력적이다.

내동천마을 소개에도 노래가 나온다.

"물레 돌 베고서 잠자는 아가씨야. 니 온제 커서 내 색시 될래"라며 시름에 겨워 삼을 삼던 정금순 할머니가 설운 목소리로 앞소리를 뽑자, 윤옥자, 김두점, 황석순 씨가 "그거는 어렵잖다. 오동나무 경대 비첩이나 준비해라"라는 노래다.

뒷소리에 흥을 담아 화답하는 형식이다. 가만 앉아 있어도 땀이 삐질삐질 나는 여름에 남자들은 낮잠을 자거나 장기를 두고, 아낙들은 삼을 삼으며 넘 숭도(남 흉도) 보고 자식 자랑도 하다 해 기우는 것도 모르는 쉼터가 되는 당산나무도 있다고 한다.

이뿐만 아니다. 삼동면사무소의 센스 있는 마을 소개를 읽다 보면 나도 모르게 입가에 미소가 떠오른다.

전도마을은 과거에 간척공사로 육지가 된 덕분에 마을 주민들이 염전에서 생산한 소금을 팔아 돈을 벌었다고 한다.

북처럼 생긴 섬이라 북고(鼓) 자가 붙은 고암마을 이야기도 재미있다. 이 마을에는 두 개의 동제가 있는데 하나는 주민들의 만수무강을 비는 제사이고, 다른 하나는 문첨지 제사라고 한다. 문첨지가 누구시냐. 문첨지는 일가친척은 물론 자식도 없어 논 다섯 마지기를 마을에 희사하고 자신의 제사를 마을 사람에게 부탁했다고 한다. 고암 마을 사람들은 이 문첨지 제사를 1864년부터 지내오고 있다는데 매년 4월 한식날이면 꼬박꼬박 제사를 지내준다고 한다. 이야기들이 참 따뜻하다.

금송마을 소개도 인상적이다. 축산이나 원예작물이 없어 농촌에서 기대할 만한 특별한 수입이 없는데도 이 마을은 가난하지 않다고 한다. 이유는 베 짜는 여인들 때문이다. 마을의 80퍼센트가 넘는 집들이 1년 내내 베를 짜는데 굳은살이 박힌 아낙네들의 손바닥이나 무릎을 보면 얼마나 오랫동안 삼을 삼아왔는지 알 수 있다고 한다.

예전에 우리 할머니도 모시를 삼았었다. 여름에 나무 기둥을 양쪽에 세워서 모시를 가로로 걸어놓고 한 올 한 올 가늘게 찢어서 허벅지에 비벼서 잇는 것이다. 어릴 때는 그게 마냥 신기했었다. 아낙들이 삼베를 짜는 모습은 고된 생활을 이어가기 위한 방편이지만 그 모습은 참 정겹고 아름답다.

시문마을을 지날 때면 큰 당산나무가 지키고 서 있어 눈에 띈다. 이 마을 소개는 어떤가. 이 동네 입구에는 예전에 홍살문이 있었다고 한다. 마을 유래는 고려시대 백이 정승이 활을 쏘러 다닌 곳이라고 해서 '시문'이라고 불렀다. 백이 정승은 1338년 충숙왕(복위) 8년 전 왕 복위를 꾀하다가 발각돼 남해로 유배됐다고 한다. 마을 설명이 뭔가 뇌리에 콕 박힌다. 유배지. 우리 부장이 매번 남해는 유배지라 땅이 척박해서 사람도 독하다고 하는 그 유배지다.

이처럼 도란도란 모여 앉은 작은 마을마다 아름다운 옛날이야기가 깃들어 있었다니. 평온한 가운데서도 살아남기 위해 부지런히 몸을 놀려야 했던 사람들의 땀내 나는 이야기도 묻어난다.

전원주택 이야기를 하다가 삼천포로 빠졌는데 결론은 이거다. 전원주택을 살 때는 무리하지 않는 것이 좋을 듯하다. 꼭 동화책에서 튀어나온 것처럼 외국풍으로 지은 건물이 아니더라도 시골집 한 채면 충분히 전원주택이 될 수 있다. 외국풍 집은 5분만 걸어 올라가면 독일마을에서 실컷 볼 수 있다.

텃밭을 가꿀 수 있고 쾌적한 생활에 지장이 없으면 된다. 이런 아름다운 마을에서 질릴 정도로 평화롭게 지내보고 싶다면 도전해볼 만하다.

물건리는 259가구, 주민 수 541명으로 이뤄진 마을이다. 이런 제한된 마을에서 집을 팔겠다고 매물을 내놓는 사람 역시 제한적일 수밖에 없다.

전원주택을 지을 때 화려한 노후를 꿈꾸기보다 소박한 일상을 원한다면 과감히 마을로 뛰어드는 것도 괜찮을 것이다. 물론 주의점도 있다. 마을이 작으면 소문에도 민감하고, 조금만 뚱하게 있어도 거만한 사람으로 찍힐 가능성이 있다. 이웃들에게 왕따가 되지 않으려면 먼저 소탈하게 다가서는 매력을 보여줘야 한다.

노후에 전원주택 생활의 꿈을 남해에서 꾼다면 이룰 수 있다. 단, 공급 물량이 적어 좋은 집을 사기 위해서는 부지런해야 한다.

직접 남해에 내려가서 살 정도의 각오를 하기도 쉽지 않다. 그렇다면 가격이 아직은 싼 시골집을 사서 리모델링을 해보는 것도 좋은 방법이다.

기자로서 취재원들을 만난 자리에서 종종 노후 걱정에 대한 이야기가 나온다. 어떤 사람은 중학교 다니는 아들이 아빠 정년은 언제까지냐고 물어봤다며 허탈해하기도 하고, 어떤 사람은 막내까지 삼형제를 뒀는데 늦결혼으로 아이가 어려 노후 준비는 엄두도 못 낸다고 한다.

직장을 갖고 나서도, 심지어 결혼을 해서도 부모에게 얹혀사는 일명 '캥거루족'이 넘쳐나는 요즘, 노후 자산을 마련할 여유가 있는 사람이 얼마나 될까. 이 사람들이 물가가 비싼 서울에서 병원이 가깝다는 이유로 계속 노후 생활을 이어갈 수도 있다. 그러나 분명 지방으로 눈길을 돌리는 사람들도 많을 것이다. 이들이 시골에 집과 땅을 사려는 투자 세력이 되면 가격은 올라갈 가능성이 크다.

부동산 계약서에 도장을 찍고 서울로 오던 날, 나는 공인중개사 부부에게 물었다.

"요즘은 전원주택을 많이 사려고 하니 사업이 잘 되시겠어요?"

그때 공인중개사가 말했다.

"팔려고 해도 팔 시골집이 없어요. 상담 전화는 많이 오는데 없어서 못 파는 거지."

나는 앞으로 시골집에 대한 수요는 점점 늘어날 것이라고 생각한다. 1958년생 베이비붐 세대들의 은퇴와 더불어 전원주택에 대한 관심은 커져갈 것이다.

사실 남해처럼 서울에서 5시간 넘게 걸리는 거리에 누가 집을 짓고 싶어 하겠느냐고 할 수도 있다. 그런데 그런 사람들이 분명 있다.

내가 부동산 중개업소에서 계약을 할 때도 두 가족이 와서 남해에 있는 시골집을 사고 싶어 했다. 그것도 1억 원이 넘지 않는 수준에서 살 수 있는 집을 원했다.

가격이 상대적으로 낮은 시골집. 은퇴 이후의 삶뿐만 아니라 세컨드하우스로도 충분히 가치가 있는 집을 사려면 미리미리 움직여야 할지도 모른다. 실제로 허름한 시골집 매물은 점점 줄어들고 있다. 대부분 리모델링을 1차로 마쳐서 1억 원에 가까워진 집들이 많아지고 있다.

이런 집을 사려면 두 가지 중의 하나거나 둘 다. 1차로 한 리모델링이 마음에 들지 않거나 가격이 비쌀 것이다.

당신에게 5000만 원이 생긴다면

5000만 원이 생긴다면 무엇을 할까. 누군가는 차를 사고, 누군가는 해외여행을 할 것이다. 어학연수를 떠나고 명품 가방을 살지도 모른다. 결혼을 하거나 고스란히 ELS(주가연계증권), ETF(상장지수펀드) 등에 재투자해 원금 두 배 불리기에 나설 수도 있다.

하지만 여기에는 뒤따르는 것들이 있다. 자동차를 샀다면 유지비가 추가로 들 것이고 해외여행을 갔다면 명품 가방의 유혹에 시달린다. 어학연수를 떠나면 돌아왔을 때가 걱정이다.

30대의 5000만 원은 잘 쓰면 인생을 위해 탄탄한 디딤돌이 되고, 잘못 쓰면 한순간에 날아가버리는 돈이다. 어찌 보면 30대 직장인에게 5000만 원은 그리 큰 금액은 아니다. 5년 넘게 직장생활을 하면서 받은 연봉을 고려할 때 충분히 모을 수 있는 돈이었다. 하지만 쉽게 모으기가 어렵다.

5000만 원을 모으기 위해 기울여야 하는 노력은 상당하다. 매월 100만 원씩 꼬박꼬박 적금을 하면 1년에 1200만 원씩 4년은 모아야 만들 수 있다. 엄청난 노력이 필요하다.

월급에서 100만 원을 뚝 떼어 모으는 일. 그건 또 어디 보통 일인가. 나는 매번 계산기를 두드려보지만 100만 원씩 모으겠다고 한 결심이 석 달을 채 넘기기 어려웠다. 갑자기 여름휴가 시즌이 되거나, 크리스마스가 되거나, 꼭 돈 쓸 일이 생기고 만다.

이번에 나는 5000만 원을 시골집에 베팅했다. 나에게 5000만 원은 어떤 의미가 된 것인지 생각해봤다.

나는 평소 저금을 잘 못하는 성격이다. 그런데 덜컥 빚이 생기자 내 마음은 돌덩이가 내려앉은 듯하다. 그래서 5000만 원이 될 때까지 꼬박꼬박 월 100만 원씩을 떼어 갚아 나가기로 했다. 소위 말하는 '빚테크'가 시작된 셈이다. 아직까지는 이런 방식이 꽤 효과가 좋다. 나는 예상했던 것보다 더 열심히 상환에 집중하고 있다.

만약 그냥 저축을 하면 어떻게 됐을까. 2개월간 만약 200만 원이 모였다면 나는 그 통장을 깨서 여름휴가를 어디로 갈지 생각했을 것이다.

그런데 막상 100만 원씩 갚아 나가는 방식이 되자 수제를 하듯 나는 날짜를 체크하고 돈을 마련하고 있다. 지출을 줄이고 돈을 써야 하는 곳에 대한 생각을 하게 됐다. 불과 두 달만에 나는 벌써 200만 원을 갚으면서 모은 셈이다.

한편으로는 투자와 동시에 여유도 사들였다. 시골집은 나의 자산이자 쉼터이기도 하다. 5000만 원을 투자해 나만의 시골집이 생기니 자연스럽게 마음이 여유로워졌다. 미래에 대한 불안도 한결 가셨다. 세컨드하우스의 위력은 대단하다.

게다가 지금의 나는 30대 미혼인 친구들에게 남해 여행을 권한다.

"있잖아. 좀 허름하긴 해도 바다에서 3분 거리야. 수영하고 들어와서 수박 먹고 나가는 게 가능하다는 거지. 놀러와."

30대에 세컨드하우스가 생긴다는 것

시골에 집을 사는 일은 분명 생각지도 못한 도전이었다. 어쩌다 보니 고속버스로 다섯 시간이나 걸리는 먼 바닷가에 있는 집이 생겼다. 아직도 황당하고 재미있다.

사실 공사다망한 30대가 주말을 위해 시골집을 샀다고 하면 '배부른 소리'라며 비난할지도 모르겠다. 그러나 나는 시골집이 소형 자동차 한 대, 명품 가방들, 해외여행 등 이 모든 것을 주면서까지 바꾸고 싶을 정도의 의미를 갖게 될 것이라고 생각한다. 시간이 흐를수록 저 모든 것들이 감가상각되는 것에 비하면 시골집의 가치는 훨씬 더 나아질 것이다.

나는 시골집을 사면서 고향을 얻었다. 앞으로 내가 살아가는 동안 언제든지 '돌아와 쉴 수 있는 곳' 말이다. 만약에 살다가 확 사표를 내버릴까 싶은 순간에도 세컨드하우스가 있을 때와 없을 때의 마음가짐은 180도 다르지 않은가. 남해에 가서 펜션을 하겠다는 꿈 정도는 꿔 볼 수 있으니 말이다. 모든 꿈을 이루려면 일단 꿔야 한다.

적어도 갈 곳이 없어서 회사에 남지는 않을 것이다. 대안이 없어서가 아니라 일이 좋아서 일을 택하는 것이다. 세컨드하우스는 언제든지 가도 되니까. 마음속에 딴주머니 같은 것이 생긴 셈이다.

할머니가 돌아가시고 나면 나는 남해에 올 일이 거의 없다. 그러나 시골집을 사들이면서 내게 남해는 진짜 고향이 됐다. 물론 투자 측면에서 봤을 때 30대는 은퇴를 위한 전원주택을 마련하기에는 너무 이른 나이다. 종잣돈을 만들고 자금을 늘려 나가는 시기에 세컨드하우스라니. 생뚱맞을 수도 있다.

그러나 펀드나 예금 상담을 받으러 가면 젊을 때는 조금 공격적으로 투자해보는 것도 나쁘지 않다고 말한다. 주식 비중을 높이거나 각종 파생상품에 투자하기도 한다. 위험 자산에 그리 민감하지 않다면 과감하게 시골집 투자에 나서 보는 것도 나쁘지 않다고 본다.

세컨드하우스는 수익률도 나쁘지 않다. 나는 유명한 관광지나 수요가 많은 지역의 시골집을 사들이는 것은 투자 면에서도 긍정적이라고 본다. 특히 땅값이 꾸준히 오르는 지역이 있고 관광지로서의 모멘텀이 있는 곳이라면 투자 가치는 충분하다. 문제는 금액이 크지 않아야 하고 투자금 회수가 쉬워야 한다는 점이다.

시골집을 산 첫해 땅값은 18퍼센트 올랐다. 집값은 처분하기에 부담스럽지 않은 수준이다. 적어도 은행 정기예금 1년치 금리를 4퍼센트로 놓고 봤을 때 수익률이 좋은 편이다.

앞으로 굳이 팔지 않더라도 이 집은 제 몫을 할 것이다. 할머니가 살고 있는 곳인 동시에 결혼을 하게 되면 내 가족이 머물 또 다른 공간인 셈이다.

집을 사겠다고 생각했을 때 내 마음속에는 변화가 생겨나고 있었다. 마음을 움직인 것은 '내가 앞으로 어떤 인생을 살아갈 것인가'였다.

30대는 미래에 어떻게 살아갈지를 준비하기에는 더없이 좋은 시기다. 적당한 자신감과 직장, 진지한 준비 자세, 신중한 연애, 이런 것들이 30대를 감싸고 있다. 물론 결혼이 제일 큰 화두이기도 하다. 내게도 중요한 일이다.

나는 조금 촌스러운 어른이 되기로 했다. 세련되고 야무지고, 손에 흙 묻힐 일 없는 도시 사람이 아니라 철마다 방울토마토를 심고, 커튼을 만들어 달고, 때로는 빨간 고추를 햇빛에 널어 말리는 사람이 될 것이다. 딸기잼을 만들고 매실주를 담그는 삶도 좋다. 여름에는 수박을 먹으며 평상에 누워 책도 보고 싶다. 그런 아줌마, 할머니가 되기로 했다. 전업주부가 아니더라도 아무것도 없는 시골집에서는 며칠만 머물러도 왠지 이 모든 것을 하게 될 것 같다.

앞으로 내가 살아가면서 쉬어갈 곳을 만들 수 있는 시간이 올까. 오히려 퇴직을 할 때까지 줄곧 일하고, 결혼을 하고 아이를 키우며 바쁘게 살지 않을까.

그런 의미에서 시골집 매입은 그 어떤 쇼핑보다 의미 있는 쇼핑이 될 것이다. 어쩌면 내 인생의 변곡점이 될지도 모른다.

나는 30대는 좀 질러도 된다고 생각한다. 실패해도 다시 시작할 수 있으니까. 작정하고 열심히 일하면 투자한 돈을 만회하는 것도 가능하다. 한번쯤 도전해볼 만하다.

이래서 나는 30대가 좋다. 취업 걱정과 미래에 대한 불확실성에 마음이 불안하던 20대와 달리 안정감이 있다. 마음이 사소한 바람에 흔들리지 않고, 앞으로 착실히 내 인생을 책임질 수 있겠다는 묘한 자신도 생긴다.

모든 것을 다 버리고 다시 시작하더라도 크게 늦었다는 생각이 들지 않는다. 더 이상 방황하지도, 누구에게 기대지도 않는다. 앞으로의 내 삶을 스스로 책임져야겠다고 생각한다.

물론 미래는 여전히 불확실하다. 나는 지금도 철이 없다. 그렇지만 나는 내 인생에서 차분히 대응책을 찾을 수 있는 어른이 돼 가고 있다.

시골집을 사고 나서 뭔가 재미있어졌다. 주말이 기다려진다. 헌 가구나 오래된 물건에 대한 애정이 생기고, 식물을 키워보고 싶은 마음도 든다. 인생이 재미없다는 친구들에게 남해 여행을 권한다.

요즘 내 머릿속은 많은 생각들로 가득하다. 예전에는 '어떻게 될까' 하는 고민이 가득 차 있었다면 지금은 '뭘 해볼까' 하는 의욕에 가깝다.

나는 인생이 그냥 흘러가도록 내버려두고 싶지 않다. 한번쯤 모든 것을 다 버리고 한번쯤 올인해보는 것도 좋을 것 같다. 물론 지갑은 빈털터리가 됐다.

그래도 가만히 있는 것보다 뭐라도 하는 편이 재미있다. 그게 다이

어트일 수도 있고 시골집 투자일 수도 있다.

새로운 일을 저질러 보면 가만히 있을 때는 상상할 수 없었던 훨씬 재미있는 삶이 기다리고 있을 것이다.

도움이 됐던 곳

다음은 내가 시골집을 구입하면서 도움이 됐던 곳들이다.

• **동남해 부동산** http://동남해부동산.kr/ 055-867-8807 독일마을 인근의 주택과 토지에 정통한 부동산이다. 동남해 지역 부동산을 중심으로 매물을 확보하고 있어 특색이 있다. 젊은 부부 공인중개사가 경영하는데 남해 사람들이라 지역 정보에도 밝다. 매주 월요일은 휴무.

• **대길 부동산** http://cyber.serve.co.kr/?id=haein444, 055-863-0205 이동면을 중심으로 남해지역 전반의 부동산 흐름 파악에 좋은 곳이었다. 로드뷰 이용법을 알려주고, 카카오톡으로 원하는 후보지 매물 사진을 보내주는 등 센스 만점.

• **전통시골집보존회** http://cafe.daum.net/moksim7, 010-9305-7455 리모델링 디자이너 황봉학 씨의 사무실. 전통시골집의 모양을 보존하면서 현대식 전원주택으로 개조하는 실력이 남다르다. 연예인 맹호림 씨 별장 등 다수의 작품이 있다. 부부가 함께 공사를 하는데 조경 전문가이기도 하다. 1989년 대한산업미술대전 특선을 시작으로 1992년과 1994년 부산미술대전 특선, 1994년 전국대학미전 은상 등 수상 기록도 빵빵하다. 황 사장은 부산 현대백화점 디자인실장을 역임한 바 있다.

• **페인트인포** http://www.paintinfo.co.kr/ 초보자가 집 꾸미기 재료를 구하는데 꽤 유용한 곳이었

다. 페인트나 타일, 시트지 등 각종 재료는 물론이고 방법까지 자세히 나와 있다.

• **남해군청** http://www.namhae.go.kr/main/ 남해군 내 전입자 지원 정보, 빈집 정보 등 각종 도움이 되는 자료가 많다. 남해군에 대한 정보가 총망라된 곳이다.

• **삼동면사무소** http://www.namhae.go.kr/program/publicsil/default2.asp?sec=samdong 동네별 소개 정보가 의외로 쏠쏠했던 곳. 처음에 사고 싶은 집 후보들을 선정할 때 어느 동네에 있는지 궁금해서 찾아봤다. 동네별 유래와 각종 행사 등이 자세히 나와 있다.

사진 **김민수**

사진 **김민수**

KI신서 4179

시골집에 반하다

1판 1쇄 발행 2012년 9월 18일
1판 2쇄 발행 2012년 10월 17일

지은이 정선영
펴낸이 김영곤 **펴낸곳** (주)북이십일 21세기북스
부사장 임병주
MC기획1실장 김성수 **BC기획팀** 심지혜 장보라 양으녕
출판개발실장 주명석 **편집1팀장** 박상문 **책임편집** 윤지영 **디자인** 씨디자인
마케팅영업본부장 최창규 **마케팅** 김현섭 최혜령 김다영 강서영 **영업** 이경희 정병철

출판등록 2000년 5월 6일 제10-1965호
주소 (우 413-120) 경기도 파주시 문발동 회동길 201
대표전화 031-955-2100 **팩스** 031-955-2151 **이메일** book21@book21.co.kr
홈페이지 www.book21.com **트위터** @21cbook **블로그** b.book21.com/book_21

ⓒ 정선영, 2012

ISBN 978-89-509-3936-6 13590
책값은 뒤표지에 있습니다.